Contraste insuffisant

NF Z 43-120-14

RÉPUBLIQUE FI

LES LAINE

ET

L'INDUSTRIE LAINIÈRE

DE L'ALGÉRIE

A L'EXPOSITION DE 1889

ALGER
GIRALT, IMPRIMEUR DU GOUVERNEMENT GÉNÉRAL
16, RAMPE MAGENTA, 16

1889

RÉPUBLIQUE FRANÇAISE

LES LAINES

ET

L'INDUSTRIE LAINIÈRE

DE L'ALGÉRIE

A L'EXPOSITION DE 1889

ALGER

GIRALT, IMPRIMEUR DU GOUVERNEMENT GÉNÉRAL

16, RAMPE MAGENTA, 16

1889

LES LAINES

ET

L'INDUSTRIE LAINIÈRE

DE L'ALGÉRIE

A L'EXPOSITION DE 1889

La collection des laines envoyées par l'Algérie à l'Exposition universelle a été classée d'une façon méthodique et qui permet d'en faire une étude aussi complète que possible. Il ne s'agissait pas seulement de montrer les meilleurs produits de la colonie : si tel avait été le but poursuivi il eut mieux valu se contenter d'exposer, comme cela a été fait par quelques pays, un certain nombre de toisons choisies parmi les plus belles.

Il fallait surtout faire connaître exactement toutes les laines algériennes, en faire voir la diversité extrême, montrer que si certaines de ces laines sont de qualité inférieure, il en est d'autres, par contre, douées d'une grande finesse et d'une réelle valeur, faire comprendre, en un mot, combien il est urgent d'appliquer vite et énergiquement les mesures à l'étude depuis plusieurs années déjà, et qui sont seules capables de donner à nos produits l'homogénéité et la valeur qu'ils peuvent atteindre. Il serait fort intéressant de faire examiner le lainier de l'Algérie par une commission spéciale, composée de quelques-uns de nos manufacturiers les plus connus et de nos éleveurs les plus habiles. Cette commission, en donnant son avis sur les laines exposées, en faisant connaître les prix auxquels l'industrie française pourrait raisonnablement payer les meilleures sortes, en indiquant les produits que nous devrions surtout développer pour répondre aux besoins de la métropole, viendrait prêter un puissant concours à l'amélioration de notre production lainière.

La comparaison entre les prix pratiqués aujourd'hui et les prix offerts, ou ceux que l'on donne couramment des laines américaines et australiennes, ferait voir avec une évidence absolue à quel chiffre élevé montent, tous les ans, les pertes éprouvées par l'élevage algérien qui, presque tout entier dans les mains des indigènes, se contente de récolter des produits de qualité souvent inférieure sans chercher à en augmenter la valeur commerciale.

Forts de l'appui des grands industriels français et des économistes de la mère-patrie, qui poursuivraient avec une autorité que nous ne pouvons avoir la transformation du mouton indigène, dès qu'ils auraient vu combien c'est la chose importante et facile, nous arriverions rapidement et sûrement au but que les agriculteurs algériens ont tant de mal à atteindre avec leurs seuls moyens d'action.

Le tableau suivant, par la comparaison entre le nombre des habitants de l'Algérie, sa superficie et le chiffre de moutons qu'elle nourrit, montrera les ressources que la France pourra retirer de cette colonie, pour ses approvisionnements en laines, le jour où elle voudra s'occuper sérieusement de cette question.

COMPARAISON
ENTRE LE NOMBRE DES HABITANTS DE L'ALGÉRIE
SA SUPERFICIE ET LE
CHIFFRE DE MOUTONS QU'ELLE NOURRIT

		NOMBRE d'hectares	NOMBRE d'habitants	NOMBRE de moutons	NOMBRE de chèvres	NOMBRE d'hectares pour un mouton	NOMBRE d'hectares pour une chèvre	NOMBRE de moutons pour un habitant	NOMBRE de chèvres pour un habitant
Département d'Alger	Territoire civil	3.065.749	1.183.925	1.218.037	922.954	2.516	3.321	1.028	0.779
	Territoire militaire	14 016.402	174.800	2.216.643	610.182	6.318	22.953	12.680	3.491
	TOTAL	17.082.151	1.358.725	3.434.680	1.533.136	4.973	11.142	2.536	1.121
Département d'Oran	Territoire civil	3.556.692	728.326	1.267.230	734.086	2.813	4.911	1.738	981
	Territoire militaire	8.002.829	111.458	2.008.820	515.121	3.835	15.535	18.014	4.621
	TOTAL	11.559.521	839.784	3.276.050	1.249.207	3.433	9.328	3.901	1.477
Département de Constantine	Territoire civil	5.961.794	1.386.685	3.443.536	1.046.498	1.734	3.686	2.484	1.187
	Territoire militaire	13.277.318	163.181	844.147	356.590	15.561	37.261	5.173	2.185
	TOTAL	19.239.112	1.549.866	4.287.683	2.003.088	4.489	9.609	2.766	1.292
TOTAUX pour l'Algérie		47.880.784	3.748.375	10.998.413	4.785.431	4.354	10.028	2.934	1.271

L'on voit par ce tableau que la superficie de l'Algérie est de 47,880,784 hectares. Ce vaste territoire est exploité par une population de toutes nationalités de 3,748,375 habitants et il nourrit 10,998,413 moutons et 4,785,431 chèvres. Sur les 12,584,235 hectares placés sous le régime civil, on trouve avec un chiffre de 3,298,536 habitants, 5,928,803 moutons et 3,303,538 chèvres, ce qui fait 2 animaux 786 de race ovine ou caprine pour un habitant et 1 hectare 365 par tête de petit bétail.

Les 35,296,549 hectares encore soumis au régime militaire renferment une population de 449,439 habitants, 5,069,610 moutons et 1,481,893 chèvres, ce qui donne pour cette partie de l'Algérie 1 habitant pour 15 animaux 774 de race ovine ou caprine et 1 animal de petite taille pour 5 hectares 385.

Si la proportion entre le nombre des animaux et leurs pasteurs a augmenté d'une manière sensible en territoire militaire, la densité de la population humaine et animale a diminué au contraire d'une façon marquée par rapport à la superficie territoriale. Cette région n'est plus généralement habitée, en effet, que par des nomades et comprend de vastes surfaces absolument incultivables qui ne sont propres qu'à l'élevage du mouton, mais qui pourraient, avec quelques travaux destinés à l'aménagement des eaux, en nourrir un chiffre 4 ou 5 fois plus élevé.

C'est là un fait qui a été mis en lumière par nos ingénieurs et nos agronomes les plus compétents et dont j'ai eu déjà l'occasion de parler à différentes reprises, mais je ne dirai, aujourd'hui, que quelques mots sur cette question, et seulement en terminant ce travail, qui est surtout destiné à donner une idée aussi exacte que possible de la situation actuelle de l'Agérie au point de vue lainier.

Aussi vais-je donner, par arrondissement, par commune ou par cercle, les renseignements les plus saillants sur tout ce qui a trait à la qualité de la laine, à sa récolte, à sa vente ou à son utilisation dans le pays.

Il me semble cependant nécessaire, avant d'entrer dans ces détails, de donner une idée générale de la production lainière de l'Algérie, de l'aptitude des races qui y vivent actuellement à fournir les éléments nécessaires à un élevage ou à un commerce productif, de la manière dont sont cantonnées, sur certains points, les laines fines ou grossières et des déductions que je crois possible d'en tirer pour l'amélioration de l'espèce ovine dans la Colonie.

Je ferai suivre ces quelques lignes d'un exposé très

succint des méthodes qui pourraient être employées pour augmenter la finesse et la valeur de certaines de nos laines, pour amener par une série d'opérations zootechniques appropriées la disparition de certaines autres et leur remplacement par des produits d'une valeur beaucoup plus grande et plus en rapport avec les besoins de l'industrie actuelle.

Les laines algériennes peuvent se classer à première vue en deux groupes distincts dont les types primordiaux plus ou moins nombreux et parfaitement reconnaissables, dans certaines régions, se sont, sur d'autres points de la Colonie, fondus, mélangés par une multitude de croisements et ont donné naissance à une grande variété de laines de toutes longueurs et de toutes natures. Le premier de ces groupes domine en Algérie et se trouve presque exclusivement en pays arabe. Le second n'existe, à de rares exceptions près, qu'en pays kabyle où on le rencontre généralement seul. Aussi me semble-t-il possible de réunir sous le nom générique de laines arabes, toutes les laines du premier groupe, en réservant pour le second la dénomination de laines berbères.

Si cette classification n'est pas d'une exactitude absolument rigoureuse, au moins permettra-t-elle de bien spécifier, d'un mot, les diverses qualités de ces laines et les parties de la Colonie où chacune d'elles domine.

Voici les principaux caractères de ces deux groupes lainiers :

Les laines arabes sont généralement courtes, souvent demi-longues, rarement longues.

C'est surtout au point de vue de la longueur, bien plus encore qu'au point de vue de la finesse, que le climat et le régime semblent avoir eu une influence sérieuse. Toujours courte sur les hauts plateaux : Biskra, Bousaâda, Djelfa, Boghar, Boghari, Alfou, ces laines deviennent plus longues quand les moutons qui les portent, tout en appartenant au même type, habitent des pays riches et où la transhumance n'est pas aussi indispensable. Le centre et l'Ouest de la province de Constantine, une partie du centre de la province d'Alger et de l'Est de la province d'Oran en sont un exemple.

Ces laines sont en zig-zag, frisées ou ondulées, quelquefois vrillées ; elles varient dans de très fortes proportions, comme finesse, comme élasticité, comme souplesse.

Il paraît évident, lorsque l'on compare les laines de Djelfa et de Boghari, par exemple, avec les laines de la région de Téniet-el-Haâd ou celles que l'on rencontre dans telles parties de la province de Constantine ou du département d'Oran, que l'on se trouve en présence de races différentes. Dans quelques régions la finesse, le tassé de certaines toisons sont telles que l'on est fortement tenté de trouver là des restes de race mérine, tandis que sur d'autres points, au contraire, toutes les laines de ce groupe sont intermédiaires pour arriver à être presque grossières dans d'autres parties de l'Algérie. Mais, que la toison soit ouverte ou fermée, que le brin soit frisé en zig-zag ou ondulé, que la mèche soit vrillée à bout pointu ou carré, cette mèche est toujours formée et c'est bien de la laine plus ou moins exempte de poils et d'un plus ou moins grand degré de finesse que l'on a sous les yeux.

Les laines kabyles, au contraire, ont un aspect absolument différent. Le brin en est dur, grossier, droit et raide, leur élasticité est nulle, la mèche en est à peine formée et dans la partie la plus rapprochée de la peau seulement, de sorte que les animaux qui en sont couverts semblent revêtus d'une toison de poils de chèvre.

Elles sont généralement longues, atteignent jusqu'à vingt ou vingt-cinq centimètres; quelquefois demi-longues, rarement courtes, et c'est surtout dans le régime, dans le climat, qu'il faut chercher les causes qui en modifient la longueur; mais, quel que soit leur lieu de production, elles sont toujours grossières et gardent, sans exception, cet aspect dur et rèche qui les fait ressembler à du crin.

Aussi, quelles que soient les idées que l'on professe à cet égard, que l'on admette plusieurs races en pays arabe, ce qui est, selon moi, la vérité, ou que l'on ne veuille y voir qu'un seul type plus ou moins profondément modifié par des croisements avec le mouton kabyle et par l'influence du climat ou du régime, la race kabyle nous apparaît-elle comme une race bien distincte des races arabes et qui n'a rien de commun avec elles.

Ces races sont-elles toutes autochthones ou ont-elles été introduites en Algérie à des époques différentes et plus ou moins éloignées l'une de l'autre? L'examen attentif de la carte lainière de l'Algérie, rapproché de quelques-uns des faits historiques qui ont précédé notre installation dans ce pays, servira à éclairer ces différents points qui peuvent avoir une influence considérable sur les moyens à adopter pour l'amélioration des moutons algériens.

La plus grande objection qui ait été lancée contre l'amélioration des races ovines du pays par le croisement repose sur ce fait, admis en principe par un certain nombre de personnes qui n'ont fait de cette question qu'une étude toute superficielle, que la race arabe seule possède les aptitudes nécessaires pour supporter la vie nomade. Et quand on s'oppose à l'introduction du mouton mérinos sur les hauts plateaux, c'est que l'on a peur, dit-on, de diminuer par ces croisements la résistance à la fatigue des moutons du pays. On oublie, sciemment peut-être, que les mérinos d'Espagne, que les moutons mérinos de la Crau sont aussi soumis à de longs voyages et qu'en Espagne, surtout, ces voyages ressemblent fort à ceux que font les moutons arabes sur les hauts plateaux dont le climat, le régime des eaux et les ressources alimentaires ont de grandes analogies avec les parties de l'Espagne où se pratique la transhumance ; on oublie enfin que le nom mérinos vient d'un mot qui veut dire transhumant.

Mais que deviendrait cette objection si les races arabes actuelles n'étaient elles-mêmes que des races importées ; si l'on peut établir avec de fortes présomptions de vérité que la race berbère, que l'on ne trouve plus actuellement que dans les massifs montagneux où la transhumance est à peu près inconnue, devait couvrir seule, à une époque plus reculée, tous les pâturages de l'Algérie. C'est pourtant là ce qui me semble démontré d'une façon évidente par la répartition des laines arabes et berbères dans notre Colonie.

Lorsque l'on examine, en effet, au point de vue géographique, la localisation des laines en Algérie, l'on s'aperçoit que le relief du pays est indiqué d'une façon presque absolue et avec une fidélité vraiment remarquable par la qualité des laines provenant de la région étudiée. Sur les montagnes d'un accès difficile, aussi bien sur le littoral que dans la région tellienne et même jusque sur les contreforts sahariens, dominent les laines du deuxième groupe décrit plus haut.

Ainsi, en partant de l'est de la province de Constantine et en se dirigeant vers l'ouest, les laines berbères se rencontrent dans les communes de la Sefia et de Sedrata où se sont établies, d'après Carette, des tribus de nationalité berbère, dans les montagnes de l'Aurès, dans tout le massif kabyle, de Collo, de Djidjelli, du Kerrata et de Bougie. Dans la province d'Alger, c'est, à l'est, dans la grande Kabylie toute entière, à l'ouest, dans cette région qui au nord du Chéliff comprend les communes de Gouraya, de Ténès, d'Aïn-Meraue, puis au sud d'Orléansville, dans le massif de l'Ouarsenis et la partie montagneuse de Tiaret que dominent les laines de ce type. Dans la province d'Oran, elles se retrouvent dans la prolongation du massif de Tiaret jusque dans la commune de Cacherou, et plus à l'ouest, tout à fait à l'extrémité du département, au sud de Tlemcen, dans les communes du Telagh, d'Aïn-Fezza, de Sebdou et dans une partie du cercle de Lalla-Marnia et de l'annexe d'El-Aricha.

Les laines fines au contraire, ou qui s'en rapprochent assez pour que l'on y trouve des traces évidentes de croisement avec les races arabes prospèrent d'une façon générale dans toutes les grandes vallées, sur tous les hauts plateaux, partout où le relief du terrain n'a pas opposé aux envahisseurs un obstacle insurmontable. Il en existe encore, mais d'une façon toute exceptionnelle, sur certains points où la langue parlée est le kabyle, mais c'est alors dans des régions parfaitement circonscrites aux alentours de quelques grands centres comme Bougie, par exemple, pour n'en citer qu'un.

Aussi peut-on dire avec une grande présomption de vérité que les laines longues et grossières ont précédé en Algérie les laines courtes et fines. La race autochtone a dû, devant les invasions étrangères, suivre ses pasteurs sur les points du pays où ceux-ci trouvaient dans l'ossature accidentée du sol un refuge assuré ; et si nous ne rencontrons chez ces anciennes populations que des animaux à toisons grossières et de peu de valeur, c'est que les moutons à laine fine devaient être inconnus des premiers habitants au moment où ils furent obligés de quitter les plaines pour se réfugier dans les montagnes. S'il en eût été autrement ces derniers ne se seraient évidemment pas contentés d'emmener avec eux des animaux de race inférieure seulement.

D'un autre côte, pour remplacer les troupeaux qui fuyaient devant leurs armées où pour améliorer ces moutons dont ils trouvaient la toison trop grossière, les conquérants européens ou asiatiques importèrent des bêtes de races plus riches.

Les Romains, qui avaient pris aux Grecs et qui entouraient chez eux de soins si délicats les moutons de Tarente à laine fine et soyeuse, moutons que l'on disait originaires de la Colchide d'où ils auraient été importés d'abord par les Argonautes, ont certainement dû essayer d'acclimater en Afrique, sur cette terre si propre à l'espèce ovine, des animaux de prix et capables de fournir les laines fines dont ils avaient absolument besoin pour leurs vêtements.

Il ne faut pas oublier, lorsque l'on veut juger de l'influence qu'ils ont pu avoir sur les races ovines algériennes, à quel point ils avaient amené l'élevage du mouton, ni les préceptes que Columelle leur donnait pour l'entretien des moutons de Tarente. Ces derniers, nourris dans des bergeries fermées, abrités contre les intempéries par une couverture qui ne les quittait jamais, atteignaient comme reproducteurs jusqu'à 5 et 6,000 francs de notre monnaie. Quand un peuple arrive à payer à des prix pareils les béliers qui servent à l'amélioration de ses troupeaux on peut être convaincu que ses procédés d'élevage ont dû atteindre à un haut degré de perfectionnement.

Si d'un autre côté on veut bien se rappeler ce que les Romains ont fait en Algérie, quel développement ils avaient donné à la richesse de ce pays, quelle impulsion ils avaient imprimé à la culture de l'olivier et aux irrigations, on peut être absolument certain qu'ils ont dû apporter à l'amélioration de l'espèce ovine algérienne cet esprit de suite et de méthode qui leur permettait de se jouer des plus grands obstacles.

C'est dans l'extension donnée par eux à l'élevage du mouton qu'il faudrait probablement chercher l'origine de ces villes importantes dont les ruines nous frappent d'étonnement et dont l'existence nous semble inexplicable au milieu de régions obsolument sèches, comme au sud de Batna, par exemple. Nous nous trouvons peut-être là en face des débris de centres industriels et commerçants qui ne devaient leur prospérité qu'au mouton, à cet animal qui seul permettra de mettre encore en valeur ces vastes espaces impropres à toute culture.

C'est à ces races ovines prfectionnées par les Romains et qui continuèrent à être soignées par les Maures, dont nous connaissons le haut degré de civilisation, qu'il faut probablement faire remonter l'origine des moutons mérinos, car nous savons que les Maures qui occupèrent la Numidie à plusieurs reprises, avant ou pendant leurs guerres avec l'Espagne, tirèrent de l'Algérie les animaux de cette race qu'ils introduisirent dans leur nouvelle conquête.

Quoi qu'il en soit et de quelques contrées qu'ils soient originaires, les moutons importés ont, peu à peu, remplacé la race berbère, partout où les nouveaux propriétaires de l'Algérie ont pu s'implanter d'une façon définitive. Dans toutes les vallées, sur tous les hauts plateaux, autour de toutes les grandes villes, l'ancienne race, de beaucoup inférieure aux animaux étrangers, a dû laisser la place à ceux-ci ; et si, même en pays kabyle, le mouton berbère a résisté à l'envahissement, c'est à une situation politique et économique toute particulière qu'il faut en faire remonter la cause.

Les transactions étaient presque nulles entre ces montagnards qui ont défendu avec tant d'acharnement leur indépendance et ces envahisseurs de toutes nationalités qui se sont succédés sur le sol algérien, que depuis des siècles l'Europe et l'Asie ont occupé tour à tour, et ce n'est qu'en se renfermant d'une façon absolue dans leurs montagnes qu'une partie des premiers habitants a pu garder son autonomie.

Plus tard, lorsque les Maures furent à leur tour refoulés par les tribus nomades que l'Egypte déversa sur l'Algérie pendant plus d'un siècle, l'élevage du mouton passa par une nouvelle phase qui lui fut sans doute funeste. Les Arabes, de tout temps pasteurs, ont certainement amené avec eux en Algérie leurs principales richesses, leurs troupeaux. De là des mélanges avec les races laissées par les Romains et par les Maures, mélanges avec des animaux probablement inférieurs, cette fois, à ceux qui habitaient cette Numidie devenue si riche et si prospère sous les dominations précédentes.

De même qu'ils détruisirent tant de villes, de travaux d'irrigation, de forêts, derniers vestiges d'une époque plus civilisée qu'ils s'attachèrent à faire disparaître avec un acharnement insensé, de même ils abandonnèrent à elles-mêmes ces races ovines que des soins assidus avaient amenées à un haut degré de perfectionnement, comme l'ont démontré les mérinos exportés de ce pays en Espagne. Telles sont, je crois, les péripéties par lesquelles a dû passer l'élevage du mouton en Algérie, et c'est là ce qui explique la diversité des races algériennes.

Je sais bien que l'on pourrait arguer, pour aller contre ces idées, de l'influence du sol et du climat, qui seraient considérés comme les seuls facteurs de la différence qui existe entre les laines berbères et les laines arabes. Bien loin de nier l'énorme importance du milieu sur les animaux, j'en suis un partisan convaincu, mais il ne faut pas oublier, surtout quand il s'agit du mouton, que le régime, les ressources alimentaires, ont une influence bien plus considérable sur la quantité de viande que peut fournir un animal, sur le poids de la laine et la longueur du brin, plutôt que sur la nature intime de ce brin, sur son degré de finesse et sur son élasticité.

Du reste, outre que l'histoire donne une probabilité sérieuse aux idées exposées plus haut, l'examen approfondi du lainier de l'Algérie fait complètement tomber cette objection. Comment expliquer, en effet, avec cette théorie, la variété infinie des laines que l'on trouve dans un même troupeau, dans une même tribu. Si le climat avait une importance aussi considérable, il n'y aurait, en pays de montagne, que des moutons portant une laine toujours la même et complètement différente des produits donnés par les troupeaux qui paissent dans les plaines, ce qui n'est pas du tout le cas. N'est-il pas plus rationnel d'attribuer aux razzias d'une tribu sur l'autre, aux mélanges produits par les grandes invasions qui se sont succédées sur le sol africain, la variété, la diversité absolue que l'on observe dans les troupeaux d'une même commune, variété qui ressort d'une façon si évidente à l'examen du lainier exposé cette année.

Si j'ai insisté d'une façon toute particulière sur la distinction à établir entre les races ovines qui se partagent l'Algérie et sur leurs origines différentes, c'est que ce fait une fois bien établi peut nous donner des indications précieuses et nous guider dans les opérations à entreprendre pour l'amélioration des moutons algériens. Il porterait le dernier coup à cette théorie déjà fortement atteinte par la pratique journalière de nos meilleurs éleveurs, et qui consiste à dire qu'améliorer les races algériennes, c'est faire perdre à celles-ci leur plus précieux avantage, leur résistance innée aux dures conditions de la vie nomade. Nous ne rencontrerions plus en effet la race autochthone qu'en pays kabyle, dans des régions élevées où le mouton ne transhume pas, où le climat se rapproche de nos climats européens, ce qui nous permettrait de remplacer sans difficulté cette race aussi mauvaise productrice de laine que de viande, par des animaux de races perfectionnées. Ce serait là une opération d'autant plus facile que les Kabyles, beaucoup plus travailleurs et beaucoup plus industrieux que les Arabes, entourent leurs bestiaux de soins que ceux-ci n'ont jamais su ou voulu donner à leurs troupeaux.

Dans tous les pays, au contraire, où nous nous trouverions en présence de laines fines plus ou moins abâtardies par des croisements avec la race berbère, ou par des mélanges avec les troupeaux importés par les Arabes, il faudrait, par une sélection attentive, par la castration forcée de tous les béliers défectueux, s'efforcer de ramener ces troupeaux à leur ancien type qui a dû être, je le répète, le type mérinos. C'est là une chose qui me semble facile dans bien des régions où les bons béliers ne manquent pas, comme l'on pourra s'en convaincre par l'étude du lainier.

L'amélioration de nos races ovines se poserait donc de la façon suivante : employer la sélection partout où la chose est possible ; là où cette opération ne pourrait donner des résultats rapides, procéder sans aucune crainte par le croisement, remplacer hardiment nos races inférieures par des races supérieures et de plus grands produits comme laine, ce qui est partout faisable, et à plus grands rendements en viande dans les localités riches. C'est là le seul moyen d'arriver vite et bien.

On pourra voir du reste par l'examen des laines exposées que les Kabyles se livrent déjà à ces opérations de croisements, depuis que la situation politique a rendu plus facile leurs relations avec les Arabes ; c'est ce qui donne dans certaines de leurs tribus, au milieu de laines tout à fait longues et grossières, ces échantillons de laines fines et courtes. Mais, laissée aux soins des indigènes, cette amélioration ne se ferait qu'en pays kabyle, en un temps fort long, et d'une façon d'autant plus incomplète que les animaux achetés par eux aux Arabes ont aussi grand besoin d'être largement améliorés.

Quant aux troupeaux arabes, leurs propriétaires, avec leurs idées fatalistes, leur paresse innée, leur respect pour la tradition, ne songeront jamais à en poursuivre l'amélioration.

La situation ainsi établie, l'État peut-il s'abstenir de prendre l'initiative des mesures propres à amener la transformation des troupeaux algériens ?

Ne doit-il pas, au contraire, tâcher de faire, par un puissant effort, et en quelques années, au grand profit des budgets de la métropole et de l'Algérie, en même temps qu'au grand avantage des propriétaires indigènes, ce qui demanderait un temps infini sans son intervention ?

Poser la question c'est la résoudre ; l'opinion publique s'est prononcée, du reste, de la façon la plus énergique à cet égard ; il suffit de rappeler avec quelle unanimité le Gouverneur général, le Conseil supérieur, la représentation algérienne, s'élevèrent contre la décision ministérielle qui avait pour but, au commencement de 1888, de suppprimer la bergerie nationale de Moudjebeur. Les journaux de la colonie, sans distinction de parti, les sociétés d'agriculture, les comices agricoles, furent unanimes à demander que l'Etat, loin de supprimer les faibles sommes allouées pour l'amélioration du mouton algérien, fit au contraire un sérieux effort pour mettre nos laines à même de rivaliser avec celles de l'Australie ou de la Plata.

Il y avait, de l'avis de tous, urgence à étudier sérieusement cette question, à voir si l'on ne pourrait employer d'une façon plus utile pour la colonie les crédits destinés à l'entretien de Moudjebeur.

Pour quelques-uns même, et des plus compétents, la question paraissait absolument résolue ; la suppression de l'école de bergers semblait s'imposer et l'on demandait à l'Etat d'employer les économies réalisées par cette suppression à la production d'un plus grand nombre de béliers et à l'organisation d'un service spécial chargé de répartir et de surveiller en pays arabe les étalons distribués chaque année.

Je n'hésitai pas, dans une étude sur les hauts plateaux, à me prononcer aussi pour la transformation de Moudjebeur. Après m'être attaché à démontrer que le mérinos était le seul mouton améliorateur qui put donner de bons résultats en Algérie, après avoir essayé d'établir (ce qui a été prouvé depuis de la façon la plus absolue par les distributions de béliers faites en 1888), que les animaux élevés en Algérie et parfaitement acclimatés pourraient seuls supporter les dures conditions de la vie nomade et qu'il fallait renoncer, sous peine d'un insuccès absolu, à distribuer aux indigènes des étalons nés et élevés en France, je proposais l'organisation suivante :

Conserver, au moins momentanément et jusqu'à ce les approvisionnements qui y sont amassés soienf épuisés, Moudjebeur transformé en un simple établissement d'élevage. Cette bergerie, avec les ressources alimentaires qui y sont emmagasinées et une dépense de vingt mille francs peut donner, pendant plusieurs années, 400 béliers tous les ans. Il est bien entendu que pour arriver à un pareil résultat, avec d'aussi faibles ressources, il faut de toute nécessité supprimer l'école. C'est là une mesure qui paraîtra malheureuse à beaucoup ; les bons bergers sont en effet bien rares, mais lorsque l'on connait les Arabes qui forment la presque totalité des élèves de Moudjebeur, cette suppression s'impose. Jamais un indigène, après avoir appris à parler français, à lire et à écrire, ne restera berger; il deviendra tout, kodja, cavalier, garde champêtre, tout, excepté cultivateur.

Les ressources laissées disponibles par cette transformation seraient employées à créer deux autres établissements d'élevage, l'un dans la province d'Oran, l'autre dans la province de Constantine. Ces trois bergeries, conduites par des régisseurs à qui l'on ne demanderait que des connaissances culturales pratiques, ce qui permettrait de trouver sans trop charger leurs budgets, des hommes capables de les bien mener, seraient placées sous la direction d'un chef unique, appelé à assurer leurs relations administratives, et à maintenir l'élevage dans la voie choisie. Là ne devrait pas, du reste, se borner l'action de ce directeur, et j'aurai bientôt à revenir sur les attributions qui devraient lui être confiées.

Les béliers produits dans ces établissements seraient, vers l'âge de deux ans, vendus ou prêtés aux cultivateurs européens qui en feraient la demande. L'administration trouverait parmi ces derniers des aides actifs, intelligents, et elle pourrait, en vendant à un prix minime, ou en prêtant simplement ses béliers, exiger des agriculteurs à qui ces animaux auraient été confiés, qu'ils en fassent profiter, moyennant rétribution à eux acquise, les habitants de leur village. De cette manière et peu à peu des dépôts d'étalons dûs à l'initiative privée, ne coûtant plus rien à l'Etat, viendraient donner, dans le Tell, satisfaction à tous les intérêts.

En pays arabe, cette façon de procéder ne pourrait malheureusement donner que des résultats absolument insuffisants. L'indigène hésitera toujours à payer les frais souvent fort élevés occasionnés par le voyage des béliers que prêterait l'Etat ; il sera aussi toujours arrêté par l'idée qu'un animal de prix va lui être donné en garde et que cet animal peut mourir entre ses mains, loin du service qui le lui a confié. De plus, si les bergeries doivent reprendre tous les ans, à l'automne, les étalons distribués au printemps, ainsi que cela se fait actuellement, leur production en sera considérablement diminuée et elles deviendront de véritables foyers épidémiques. Toutes les affections contagieuses qui existeront en Algérie y seront apportées par les étalons rouleurs.

D'un autre coté, beaucoup de communes mixtes ou indigènes, dont la population est composée presque uniquement de pasteurs, ont un avantage considérable à voir améliorer les troupeaux de leurs administrés. C'est là pour elles le seul moyen de développer leur richesse, en même temps que l'aisance de leurs habitants. Aussi est-il juste de leur demander un léger sacrifice pour obtenir ce résultat.

C'est à ces communes que devraient être confiés les étalons de l'Etat, en les choisissant de race plus ou moins grande, selon les ressources de la région; l'on créerait ainsi des dépôts communaux, destinés à être, pour la race ovine, ce que sont les dépôts d'étalons dispersés dans tous les centres de production pour la race chevaline ; ils pourraient être établis dans les conditions suivantes :

Chaque commune qui en ferait la demande et qui voudrait prendre en charge un certain nombre d'étalons recevrait, par les soins du directeur du service, un nombre de béliers proportionné aux besoins de la région et au chiffre des animaux disponibles. Ces animaux paissant sur les communaux, abrités sous un gourbi, coûteraient fort peu à entretenir. Un assès de corvée les garderait, sous la responsabilité d'un cavalier de la commune, ou sous celle d'un des adjoints indigènes, selon l'endroit où ils pâtureraient. Un léger supplément de nourriture en grains suffirait à les maintenir en bon état, pendant les moments de l'année les plus difficiles à passer.

A l'époque de la lutte il y aurait à choisir entre les deux systèmes suivants :

Le premier consisterait à confier les étalons aux propriétaires les plus intelligents et les plus disposés à s'occuper sérieusement de l'amélioration de leurs moutons. L'administration locale devrait les pousser, dans ce cas, à former des troupeaux composés de brebis choisies et séparés des autres troupeaux pour éviter tout contact avec les béliers du pays; sans cette précaution, il serait absolument impossible d'être fixé sur la valeur des croisements opérés.

Après la monte, les béliers seraient rendus à la commune lorsque les éleveurs qui s'en seraient servis ne pourraient les garder.

Le second système coûterait un peu plus cher aux communes, mais donnerait, je crois, des résultats bien supérieurs. Au lieu de distribuer les béliers, ce qui empêche d'exercer sur eux une surveillance sérieuse, il y aurait avantage à constituer des troupeaux spéciaux, auxquels seraient mélangés des étalons améliorateurs.

On pourrait arriver à créer ces troupeaux de la façon suivante :

L'administrateur en territoire civil, l'officier du bureau arabe en territoire militaire, engagerait les propriétaires les plus influents du district à amener chacun un certain nombre de brebis choisies.

On formerait ainsi un troupeau qui serait nourri sur les communaux et gardé aux frais de la commune pendant le temps nécessaire à la monte. De la sorte, pas de rapprochements avec les béliers du pays à craindre, pas de fatigue exagérée pour les étalons de la commune.

Quant aux brebis, après la lutte elles seraient rendues à leurs pérégrinations, avec les autres troupeaux de leurs maîtres. Ceux de ces derniers qui montreraient l'année suivante les plus beaux résultats recevraient une récompense pécuniaire ou honorifique.

En obtenant des indigènes qu'ils fassent couvrir plus tard les produits femelles de ces croisements par les béliers communaux, on aurait fort vite dans chaque douar, presque chez chaque propriétaire, des étalons qui pourraient déjà commencer sérieusement l'amélioration des races algériennes.

Voici les avantages considérables que présenteraient les stations communales sur le mode d'opérer suivi aujourd'hui. Soins sérieux et surveillance active des étalons prêtés ce qui est impossible actuellement. Pour les indigènes plus de frais de transport trop élevés, l'étalon hivernant dans la commune ; plus de responsabilité par trop lourde, l'autorité locale pouvant juger les soins donnés ; puis ces animaux seraient connus dans le pays, il ne seraient pas considérés comme des bêtes d'une race toute particulière et qui ne peuvent vivre que dans un établissement spécial. L'autorité locale s'intéresserait enfin à la question, ce qui est indispensable si l'on veut voir la chose réussir.

En adoptant la marche indiquée dans les lignes qui précèdent, l'Etat, avec un minimum de dépenses, avec les crédits attribués actuellement à Moudjebeur, en un mot, peut excercer sur l'amélioration des races algériennes une influence considérable et arriver en quelques années à les transformer complètement.

Mais il ne suffit pas de décider la création de bergeries, il faut les établir, les diriger de telle sorte que les étalons produits soient de taille et de rusticité différentes, qu'ils soient capables les uns, d'utiliser les ressources fourragères des plus riches régions du Tell, les autres de prospérer dans les plus maigres parties des hauts plateaux.

Puis ces étalons en âge d'être employés, il est indispensable d'en régler la distribution selon les besoins de chaque localité, de les suivre en pays arabe, de visiter les dépôts communaux, de donner aux personnes chargées de leur conduite les conseils techniques qui peuvent leur être absolument indispensables.

Tel est le motif qui a fait demander la création d'un service spécial. Ce mot de service spécial peut paraître entraîner à de fortes dépenses, à la création de nouveaux emplois, peut-être retarderait-il à lui seul la transformation désirée.

Laissons donc de côté et pour le moment la création de ce service. Que le directeur des bergeries de l'Etat soit appelé à visiter, lorsque la chose sera utile, les dépôts communaux, qu'il soit chargé de s'assurer que les soins nécessaires sont donnés aux étalons prêtés, et l'unité de vue indispensable au bon fonctionnement de l'organisation projetée sera obtenue d'une façon sûre et sans dépenses.

Ce mode de procéder suffira pendant les premiers temps, et si plus tard il ne peut donner satisfaction à tous les besoins, si l'extension donnée à ce service devient telle qu'il soit nécessaire de prendre d'autres mesures, les résultats obtenus, l'expérience acquise, permettront de faire plus grandement les choses.

Telle est, esquissée à grands traits, l'organisation qui me paraissait et qui me semble encore la plus capable de donner rapidement et sûrement des résultats sérieux, qui permettra d'appliquer d'une façon intelligente la sélection partout où cela sera possible, le croisement dans toutes les parties de l'Algérie où la sélection ne pourrait être employée d'une façon utile.

La monographie suivante des communes algériennes, au point de vue lainier, vient prouver une fois de plus l'incontestable utilité de ces deux opérations.

LES COMMUNES ALGÉRIENNES

ET LEURS PRODUITS LAINIERS

Le département d'Alger permet d'étudier d'une façon complète les produits lainiers de la Colonie. Les laines berbères dominent dans le massif montagneux ; les laines du Sud sont fines et tassées ; une partie du Tell renferme des moutons dont la toison tient de ces différentes races. C'est ce qui m'engage à aborder par ce département l'exposé succint des ressources lainières de chaque circonscription administrative dont les produits figurent dans la collection envoyée à l'Exposition de Paris.

Ces circonscriptions ont été classées sur le lainier, en allant du Nord au Sud et de l'Est à l'Ouest, de sorte que l'arrondissement de Tizi-Ouzou se trouve en tête de la province d'Alger. C'est aussi par lui que nous commencerons ce travail.

ARRONDISSEMENT DE TIZI-OUZOU

L'arrondissement de Tizi-Ouzou possède une superficie de 349,718 hectares, sur lesquels on trouve 72,882 chèvres, 93,578 moutons et 365,150 habitants. Soit 1 mouton pour 4 hectares, et 4 habitants pour 1 mouton.

Les laines que l'on y récolte sont grossières, longues ou demi-longues ; elles se rapportent d'une façon générale au type berbère.

Les communes de plein exercice nourrissent ensemble sur 18,530 hectares, et avec 113,919 habitants, 35,621 moutons et 17,986 chèvres.

La commune mixte d'Azeffoun entretient 12,230 moutons et 18,530 chèvres; elle a une population de 47,754 habitants, et une superficie de 51,153 hectares.

La comparaison seule de ces chiffres prouve que l'exploitation des bêtes ovines est une opération culturale de peu d'importance dans ces contrées. La chèvre domine dans ce pays montagneux ; les moutons y sont à laine grossière et longue, et les rares animaux à laine frisée que l'on rencontre sont des bêtes importées de pays arabe.

Dans le Djurdjura l'on compte, sur une superficie de 23,704 hectares et avec une population de 57,019 habitants, 7,617 moutons et 7,678 chèvres.

C'est encore là une région où l'élevage du mouton est peu prospère ; la statistique agricole donne seulement un mouton et une chèvre pour 7 habitants et demi et pour 3 hectares 087. Comme dans la commune précédente les laines sont dures et grossières et les échantillons envoyés et qui représentent des laines fines et ondulées ont été certainement recueillis sur des moutons de race arabe.

Les Kabyles à l'aise ont, en effet, souvent quelques brebis choisies qui leur fournissent des agneaux et un peu de laine. De plus, comme le fait remarquer avec une grande vérité l'Administrateur de cette commune, la presque totalité des troupeaux que l'on voit sur les pâturages alpestres du Djurdjura ne sont là qu'en véritable état de transhumance. Cela vient du reste confirmer ce que j'ai dit plus haut au sujet des efforts que font les Kabyles pour remplacer les animaux de race berbère par les meilleures espèces de moutons arabes. Aussi bons négociants que cultivateurs, ils renoncent à élever dans leurs montagnes les troupeaux à laine grossière que l'on y trouvait presque exclusivement avant la pacification de toutes ces contrées.

Ils préfèrent acheter aujourd'hui sur les marchés les plus importants de la province de Constantine ou de la province d'Alger, des animaux en laine dont ils gardent la toison pour l'alimentation de l'industrie locale. Ces animaux, après avoir été engraissés, soit dans les pâturages qui poussent pendant l'été sur les cîmes couvertes de neige pendant six mois de l'année, soit avec des feuilles de frêne, d'ormeau ou de figuier, viennent satisfaire aux besoins de la boucherie kabyle qui sont assez considérables. Le surplus des troupeaux importés est dirigé au commencement de l'hiver et à l'époque où les bêtes grasses font prime sur les marchés qui fournissent la capitale.

Les laines du Hodna et de Bousaàda, fort appréciées en Kabylie, y sont apportées par des marchands ambulants et viennent ainsi fournir aux habitants le complément de la matière première qui leur est nécessaire pour la fabrication de leurs vêtements.

La commune de Dellys avec ses 9,220 moutons et ses 6,950 chèvres pour 21,541 hectares et 24,036 habitants est placée dans des conditions identiques. Il en est de même des communes de Dra-el-Mizan, de Fort-National et du Haut-Sebaou qui renferment, la première 5,270 moutons, 7,070 chèvres, 52,958 hectares, 40,043 habitants ; la seconde, 4,536 moutons, 3,085 chèvres, 30,051 hectares, 49,734 habitants ; la troisième, 19,084 moutons, 11,583 chèvres, 51,423 hectares et 32, 595 habitants.

Il faut seulement remarquer que la race berbère laisse, dans cet arrondissement, aux races du Sud, une place d'autant plus grande que l'on se rapproche d'avantage des pays arabes.

Plus enclins que les arabes à prendre modèle sur nous, et à se servir de nos instruments, lorsque ceux-ci sont commodes et simples, les Kabyles tondent leurs troupeaux avec des ciseaux ou des forces.

Partout la population est très dense, toutes les terres abordables mises en culture ; aussi, l'élevage local est-il forcément très restreint, et le commerce va-t-il chercher en pays arabe les laines et la viande que l'on ne peut produire en quantité suffisante dans le pays.

L'industrie du tissage, fort peu développée dans certaines parties de cet arrondissement, où comme dans les communes d'Azeffoun, de Dellys, de Fort-National et du Haut-Sebaou, les femmes indigènes s'adonnent seulement à la confection des burnous et des haïks nécessaires à la consommation de la maison, a pourtant une extension plus grande dans la commune mixte de Dra-el-Mizan où l'on fabrique aussi des couvertures et quelques tapis et surtout dans la commune du Djurdjura.

Cette fabrication, qui était très florissante dans cette partie de la Kabylie avant notre conquête, alors que les couvertures des Beni-Bou-Youssef, des Beni-Sebka et des

Beni-Boudrat étaient si renommées, a beaucoup perdu de son importance. Elle ne peut lutter, en effet, contre la concurrence que lui font les produits de notre industrie pour les objets bon marché, ni contre les tapis arabes préférés, à cause de leur dessins plus variés et plus riches, par les indigènes aisés du pays.

ARRONDISSEMENT D'ALGER

L'arrondissement d'Alger, avec une superficie de 1,019,941 hectares, une population de 456,399 habitants nourrit 359,765 moutons et 307,439 chèvres.

L'on pourrait, à l'examen de ces chiffres, penser que les chèvres et les moutons vivent en quantité à peu près égale sur les différents points de cet arrondissement. Ce serait là une grosse erreur. Dans la partie arabe, en effet, dans la commune mixte d'Aïn-Bessem, par exemple, on trouve 71,000 moutons contre 27,000 chèvres, tandis que dans la commune des Beni-Mansour le chiffre des moutons est à peine supérieur à celui des chèvres et que, dans les communes de Gouraya, de Palestro et de Tablat il y a deux ou trois fois plus de chèvres que de moutons ; dans la commune mixte d'Aumale, enfin, qui, avec une surface de 206,687 hectares, une population de 37,320 habitants, nourrit, outre 52,750 chèvres, 106,007 moutons, l'on trouve à peu près trois moutons pour un habitant et un mouton pour deux hectares. C'est la commune de l'arrondissement d'Alger où l'élevage du mouton est le plus développé.

Les laines de cette commune sont presque toujours courtes, quelques-unes demi-longues, toutes sont généralement grossières et contiennent une assez forte proportion de jarre. Les échantillons 171 et 173 du lainier donnent une idée des types dominant. On trouve partout, surtout dans le Sud, mais en moins grande quantité, des laines assez fines, représentées par les numéros 172 et 174.

La tonte se fait dans le courant des mois d'avril et mai et le seul instrument adopté pour procéder à cette opération est encore la faucille.

La vente des laines commence au moment de la tonte

pour finir à la fin d'octobre, à l'époque où les transports deviennent trop difficiles. Le poids moyen des toisons est de 1 kilog. à 1 kilog et demi ; les plus belles atteignent le prix de 2 fr. à 2 fr. 50, mais le prix moyen ne dépasse pas de 90 à 100 fr. les 100 kilog.

La moitié environ des laines produites dans cette commune y est mise en œuvre. On y fabrique d'abord, et dans presque toutes les tentes, les objets nécessaires à la famille, feldjas de tente, keraras, sacs en laine, hessabels, pièce qui sépare la tente en deux parties, burnous, haïks, etc. Un certain nombre de familles se livrent, en outre, à la confection de tapis, grands et petits, qui sont vendus en moyenne 10 et 12 fr. le kilog., ce qui laisse pour l'opération du tissage et le salaire du teinturier, déduction faite des déchets occasionnés par le lavage, une somme de 4 à 5 francs par kilog. de laine mis en œuvre.

Les renseignements donnés pour la région d'Aumale s'appliquent aussi à la commune d'Aïn-Bessem qui, avec une superficie de 95,095 hectares et une population de 29,518 habitants entretient 71,688 moutons et 27,499 chèvres, ce qui fait 1 habitant pour 2 moutons et 1 mouton pour 1 hectare 322.

Les laines de cette localité sont pourtant un peu plus fines que celles d'Aumale, mais l'industrie du tissage y est moins développée que dans la commune précédente.

L'on peut en dire autant de la commune de Beni-Mansour qui possède, sur un territoire de 92,635 hectares, une population de 17,274 habitants, 19,338 moutons, 17,511 chèvres.

Dans les communes de Palestro et de Tablat, l'élevage du mouton est de beaucoup inférieur à celui de la chèvre ; on compte dans la première de ces communes 10,303 moutons et 19,029 chèvres pour une superficie de 67,365 hectares et une population de 38,335 habitants ; dans la deuxième commune, avec une surface de 91,368 hectares et 32,333 habitants, on trouve 31,500 moutons et 66,089 chèvres, soit plus de 2 animaux de l'espèce caprine pour un animal de l'espèce ovine. Du reste l'administration locale de ces deux communes n'a pas envoyé d'échantillons de laine pour la constitution du lainier parce qu'il n'y existe pas de race nettement caractérisée. Les moutons qui y vivent viennent généralement des pays voisins.

L'industrie locale est fort peu développée et l'on ne tisse dans le pays, ou plutôt dans chaque maison, que les objets de première nécessité destinés à un usage tout personnel.

La dernière commune mixte de l'arrondissement d'Alger, celle de Gouraya, d'une superficie de 82,641 hectares a 24,128 habitants ; elle nourrit seulement 14,276 moutons et un chiffre de chèvres trois fois plus élevé 53,245.

Elle est séparée des communes mixtes précédentes par toute la Mitidja qui, avec les autres territoires de plein exercice de l'arrondissement, entretient 206,658 moutons et 71,316 chèvres, de toutes races et de toutes provenances.

Les laines de Gouraya sont courtes ou demi-longues, généralement grossières, surtout du côté de l'ouest. Elles sont absolument mélangées, les unes grossières, mécheuses et ouvertes, contiennent une forte proportion de jarre comme le montrent les échantillons 140 et 150 ; d'autres sont légèrement tassées, moins grossières, moins chargées de poils ainsi que l'indique l'échantillon 152 ; d'autres, enfin plus ondulées, demi-longues et intermédiaires sont représentées par l'échantillon 151. La tonte se fait dans cette commune dans le courant du mois d'avril. Certains propriétaires emploient encore la faucille pour cette opération, mais les ciseaux et les forces se répandent de plus en plus. Quoique l'industrie du tissage soit absolument restreinte dans le pays à la confection d'une partie des objets utiles à la population locale, comme l'on n'y compte guère qu'un mouton pour plus de 2 habitants, tous les produits de la région sont mis en œuvre sur place.

ARRONDISSEMENT DE MÉDÉA

L'arrondissement de Médéa a une surface de 518,088 hectares, une population de 86,226 habitants ; l'on y trouve 199,515 moutons et 105,330 chèvres. Dans la partie tellienne de cet arrondissement la population caprine dépasse ou égale la population ovine, tandis que cette dernière est beaucoup plus considérable dans la région qui fait partie des hauts plateaux.

Les 68,055 hectares de la commune de Ben-Chicao et ses 16,082 habitants avec leurs 21,324 moutons et leurs 17,270 chèvres ont été, au moment de la suppression de cette commune mixte, annexés aux communes environnantes ; il n'y a donc pas lieu d'en faire une description spéciale.

Si l'on peut dire que l'élevage du mouton n'existe pas dans les communes de plein exercice où la culture de la vigne a atteint un développement assez considérable et où l'on ne compte, avec une population de 23,282 habitants, que 12,465 moutons et 15,620 chèvres pour 50,143 hectares, il n'en est pas de même dans la commune de Berrouaghia et surtout dans celle de Boghari.

Dans la première, sur une superficie de 119,441 hectares et avec une population de 24,350 habitants, on trouve 42,560 moutons et 28,380 chèvres ; c'est donc 2 moutons par habitant et 1 mouton pour 2 hectares 825.

Les meilleures laines de la commune de Berrouaghia sont généralement courtes, fines, frisées, quelquefois vrillées et contiennent assez peu de jarre. Tout en conservant leur finesse, ces laines deviennent parfois plus longues et pourraient presque se ranger dans la catégorie des laines demi-longues. Là, du reste, comme partout ailleurs, on trouve à côté de beaux types, des échantillons beaucoup plus jarreux, mais l'ensemble du pays est bon.

Une partie des tribus de cette commune reste toute l'année sur son territoire : telles sont les Ouled-Oughat, les Merachda, les Beni-Messaoud ; d'autres, au contraire, sont soumises à la transhumance et quittent leurs terres dans le courant d'octobre pour aller dans le Sud, ce qui fait qu'elles se trouvent au moment de la tonte, les unes, comme les Beni-Bou-Yacoub, les Ouled-Brahim, les Ouled-Tril, les Ouled-Ferguen, les Ouled-Chaïr, les Beni-Hassen, près du marché de Boghari ; d'autres, comme les Ouled-Mellal, se rapprochent davantage du marché de Chellala. Les Ouled-Deid sont au contraire, à cette époque, à proximité des marchés d'Aïn-Oussera ou de Bouïra, tandis que les Rebaïas et la tribu des Douairs se défont de leurs laines sur le marché du Tlélat des Douairs. Les Ouzera, les Gheraba, sont éloignés de tout centre commercial au moment de la tonte.

La laine se récolte dans cette commune au moyen des ciseaux ou des forces, le prix moyen en est de 100 à 110 francs les 100 kilos.

Quelques-uns des douars consomment la totalité de la laine de leurs troupeaux, mais la moitié, environ, des produits de la commune sont vendus au commerce européen ou aux acheteurs kabyles, car l'industrie lainière ou plutôt le tissage de la laine y est peu développé.

Les habitants ne fabriquent guère que des burnous, des tellis, des flidjs et quelques tapis. Mais ces tapis sont d'une fabrication grossière ; ils ne se vendent, lorsqu'ils donnent lieu à une opération commerciale, que trois fois environ le prix d'achat de la matière première, ce qui laisse fort peu de bénéfice pour les femmes qui ne les tissent, du reste, qu'à leurs moments perdus.

La commune de Boghari est de tout cet arrondissement celle qui élève le plus grand nombre de moutons ; il y a en effet sur les 280,449 hectares qui forment son territoire, et pour une population de 22,512 habitants, 123,166 moutons et 48,060 chèvres, soit 5 moutons 1/2 par habitant, et 1 mouton pour 2 hectares 1/4 de terre.

On est là en plein pays d'élevage ; la majeure partie des terres de cette commune se trouvent sur les hauts plateaux. Les troupeaux qui vivent dans ces régions sont presque la seule fortune de leurs pasteurs. Ils les suivent dans leurs pérégrinations annuelles, montant avec eux au Nord ou descendant dans le Sud, selon qu'ils peuvent trouver leur nourriture dans ces vastes steppes ou sur le massif tellien. Leurs terres de parcours sont pourtant d'une étendue beaucoup moins grande que celles des tribus qui vivent plus au Sud, en territoire militaire.

Les laines de Boghari sont également courtes, fines, élastiques et d'un prix réel. Dans certains échantillons il n'y a absolument pas de jarre, et l'on pourrait, avec une sélection sérieuse, arriver à n'avoir bientôt plus que des produits d'une finesse complète. Certaines toisons se rapprochent même considérablement des laines mérines, comme finesse et comme tassé. On trouve pourtant dans le Nord et le Nord-Ouest, chez les Ouled-Thabet, une partie des Aziz, des Ouled-Anteur, des Ouled-Moktar et des M'Fatah, une laine plus grossière et demi-longue comme les échantillons 191 et 193 et quelquefois longue et tout à fait grossière, telle que l'échantillon 184, mais ces laines sont peu nombreuses et proviennent probablement de bêtes importées des contrées voisines.

Malgré la finesse des laines généralement récoltées dans cette région et leur peu de longueur, les Arabes n'emploient guère que la faucille pour tondre leurs troupeaux, ce qui leur fait perdre une assez grande partie de la toison, 7 à 8 pour 100 au moins, et jusqu'à 12 pour 100.

Quoique l'on fasse dans le pays quelques tapis, des burnous et des tissus plus communs, tels que flidjs et guerara, l'industrie locale n'absorbe qu'une faible partie des laines récoltées. Celles-ci se vendent surtout sur le marché de Boghari, qui est un des plus importants marchés de laines de l'Algérie, et où les acheteurs indigènes et surtout les européens font des affaires considérables.

ARRONDISSEMENT DE MILIANA

L'arrondissement de Miliana possède une assez grande quantité de têtes de petit bétail : il nourrit 345,454 moutons et 182,310 chèvres, avec une surface de 651,680 hectares et une population de 131,104 habitants. Mais les troupeaux de cette commune sont répartis d'une façon tout à fait irrégulière, et tandis que l'on compte dans la commune de Téniet-el-Haâd seule, 241,117 moutons, pour 257,567 hectares, ce qui donne à peu de chose près un mouton par hectare, on ne trouve plus dans la commune d'Hammam-Righa que 12,890 moutons pour 97,430 hectares, soit 7 hect. 1/2 pour 1 mouton ; il est vrai que dans cette partie de l'arrondissement on trouve 1 chèvre pour 2 hectares 1/2.

Dans la commune d'Hammam-Righa les laines sont mélangées et grossières, les moins mauvaises contiennent même une certaine quantité de jarre, aussi devrait-on sans hésiter changer par le croisement la race du pays.

Il en est de même des animaux compris dans le territoire de plein exercice, mais un commerce plus actif a, dans cette région, mélangé davantage les laines étrangères aux laines du pays. Cette partie de l'arrondissement comprend 74,867 hectares, 29,464 habitants, 23,890 moutons et 11,241 chèvres ; la commune d'Hammam-Righa, 97,430 hectares, 20,646 habitants, 12,890 moutons, 38,285 chèvres ; la commune des Braz, 119,270 hectares, 29,798 habitants, 32,712 moutons, 52,367 chèvres.

Dans la commune du Djendel, qui a une superficie de 102,546 hectares, 22,098 habitants, 34,845 moutons et 18,291 chèvres, l'élevage acquiert plus d'importance.

Les laines y sont généralement courtes, les meilleures atteignent à un assez grand degré de finesse, chez les Ouamri par exemple, et dans le Djendel où l'on en trouve pourtant quelques-unes d'assez grossières, et chez les Hannachas, où les bonnes sortes sont encore fines et soyeuses, mais où elles sont en plus petite quantité ; chez les Gribs, on récolte des laines belles, fines et courtes, tandis que chez les Fathem elles sont généralement demi-longues et grossières ; dans les Matmata, enfin, à côté de laines fines et courtes et de laines intermédiaires soyeuses et demi-longues, il en existe qui, encore ondulées et soyeuses, doivent probablement à de mauvais croisements avec les troupeaux de leurs voisins la quantité de jarre assez grande qu'elles contiennent.

Dans la commune de Téniet-el-Haâd, surtout au Sud, dans le Sersou et le Siouf, nous nous retrouvons au milieu de pays à moutons ; aussi, pour une population de 29,098 habitants, sur une surface de 257,567 hectares, existe-t-il 241,117 ovins et 62,126 chèvres, ce qui fait plus d'une tête par hectare, et de 10 animaux par habitant.

Les laines de cette commune sont généralement demi-longues et intermédiaires ou courtes et fines ; les premières à mèches ondulées et souvent soyeuses, se trouvent au Nord, au centre et au Sud-Ouest, les secondes dominent dans l'Est et le Sud-Est. Ces laines deviennent un peu plus grossières sur la limite de l'Ouarsenis, et je serais tenté de voir là le résultat de croisements faits avec la race berbère, qui peuple une partie de cette dernière commune.

La fabrication des tissus destinés à la vente est nulle dans l'arrondissement de Miliana ; il faut pourtant faire une exception pour la tribu des Béni-Lent, qui fait partie de la commune de Téniet-el-Haâd.

Dans cette tribu, placée tout à fait au Sud de la commune et qui plus qu'aucune autre pratique la transhumance, il y a un certain nombre de femmes originaires des Saharis, qui y ont été introduites par le mariage. Ces femmes ont importé de leur pays natal l'art du tissage. Elles fabriquent quelques tapis et quelques frachias, mais cette industrie ne peut employer qu'une faible partie du produit des troupeaux, aussi la plus grande quantité des laines de Téniet-el-Haàd, se vend-elle sur le le marché de ce nom, qui a, du reste, une grande importance à ce point de vue.

Le nombre des animaux tachetés varie dans cette commune du 5e chez les Beni-Soumeur, au 10e chez les Beni-Lent, et quoique l'on trouve dans cette région une assez grande quantité de graines salissant les toisons, celles-ci n'en sont pas trop chargées, parce que ces graines ne viennent à maturité qu'après que les moutons ont été débarassés de leur laine. Cette opération se fait généralement à la faucille, ce qui occasionne une perte de laine sérieuse et donne aux animaux une fort vilaine apparence.

ARRONDISSEMENT D'ORLÉANSVILLE

L'arrondissement d'Orléansville nourrit, sur une superficie de 526,322 hectares, une population de 145,046 habitants, 219,725 moutons et 254,993 chèvres, ce qui fait à peu de chose près une tête de petit bétail par hectare, plus exactement, 1 mouton pour 2 hectares 440 et 1 chèvre pour 2 hectares 061.

La commune d'Aïn-Merane a été fondue dans les communes de Ténès et du Chéliff; elle contenait 115,129 hectares, 22,556 habitants, 58,871 moutons, 49,556 chèvres, qu'il faut répartir entre les communes suivantes :

La commune de Ténès qui avait, avant cette annexion, une superficie de 98,390 hectares, une population de 23,624 habitants, 37,432 moutons, 69,545 chèvres, a envoyé des échantillons qui peuvent à peu près tous se classer dans la catégorie des laines longues de race berbère.

Ces laines, fort grossières, avec une grande quantité de jarre, à mèches pointues et ouvertes, sont sèches, dures et très peu fournies puisque malgré leur longueur qui atteint parfois jusqu'à 25 centimètres, le poids donné pour les toisons du pays n'atteint que 1k300 à 1k500 pour les mâles et 1 kilo seulement pour les femelles. Les troupeaux des douars des M'chaïa et des Herenfa fournissent pourtant quelques laines plus courtes, fines, légèrement jarreuses et représentées par le n° 137. Mais ces troupeaux sont, malgré tout, mélangés de laines grossières.

On remarque enfin quelques moutons à laines tout à fait courtes et fines, qui proviennent d'animaux importés, vivant au milieu de la population ovine autochthone.

Les indigènes utilisent pour leur usage la moitié des laines qu'ils récoltent ; la fabrication des tapis leur est complètement inconnue et ils sont obligés d'acheter dans d'autres parties de l'Algérie les objets de ce genre dont ils ont besoin ; chaque tente se contente de tisser ses burnous et ses haïks.

La commune du Chéliff possédait en 1887, 145,357 hectares, 37,025 habitants, 51,308 moutons et 46,861 chèvres, ce qui donne près de 2 animaux et demi de race ovine ou caprine par habitant et 1 tête de petit bétail pour 1 hectare et demi. La proportion exacte est de 1 habitant pour 1 mouton 385 et pour une chèvre 260, tandis que nous trouvons 1 mouton pour 2 hectares 833 et une chèvre pour 3 hectares 115.

Les laines de cette région appartiennent à tous les types ; quelques-unes sont courtes et contiennent peu de jarre, d'autres sont demi-longues, très grossières et arrivent à donner autant de jarre que de laine. Elles proviennent probablement de croisement entre les animaux portant les premières et ceux de race berbère à laine longue que l'on trouve dans certaines parties de cette commune et qui forment à peu près le quart de sa population ovine. On y récolte encore des laines demi-longues, à brin un peu gros, assez soyeux et se rapprochant beaucoup du poil de la chèvre angora, et très rarement des laines qui, quoique longues, conservent un assez grand degré de finesse. Les échantillons 144, 145, 146, 147, du lainier, montrent les laines les plus fines de cette commune ; le type qui domine ensuite est donné par les échantillons 139, 143 et 141 ; ces laines sont intermédiaires et demi-longues. L'échantillon 140 enfin, représente les laines berbères qui se trouvent localisées surtout vers le nord de la commune du coté d'Aïn-Merane et vers le nord-ouest, sur la limite de la commune des Braz, tandis que les laines fines se trouvent dans les vallées du Chéliff, de l'Oued-Sli et de l'Oued-Lar et que les laines demi-longues et intermédiaires dominent dans les tribus qui sont à l'Est.

L'industrie lainière n'existe pas, à proprement parler, dans le Chéliff, puisque l'on n'y fabrique pas de tapis et que les femmes du pays ne savent, tout au plus, que tisser une partie des objets nécessaires à leur famille ; pourtant, comme le nombre des moutons ne dépasse pas beaucoup celui de la population, les habitants du pays ne peuvent livrer au commerce que le tiers à peu près de la laine qu'ils récoltent. Ces laines sont généralement propres et exemptes de gratterons et autres mauvaises graines ; elles renferment peu de toisons tachetées, cinq pour cent environ, mais les indigènes, en les coupant d'une façon presque générale, avec la faucille, en diminuent la valeur et en perdent une partie.

La commune de l'Ouarsenis a un territoire de 90,670 hectares, 33,314 habitants, 45,500 moutons, 65,805 chèvres. Ces dernières dominent et leur nombre dépasse de près d'un quart celui des animaux de l'espèce ovine. Cette commune, dont le territoire est fort accidenté, nourrit, par cela même, des moutons de lainages différents. On y trouve des laines courtes, demi-longues et longues. Ces dernières occupent surtout le centre de la commune et le Sud-Ouest, en allant sur Ammi-Moussa et Tiaret; elles sont absolument grossières et appartiennent au type berbère. Au Sud-Est, au contraire, dans les Ouled-Bessem, Chéraga et Gheraba, qui sont sur la limite des plateaux du Sersou, se récoltent des laines assez fines à mèches carrées ou pointues plus ou moins ondulées et avec une quantité de jarre variable et probablement proportionnelle à la quantité de sang berbère qui coule dans les veines des animaux qui les portent ; tout à fait au Nord, enfin, dans la vallée de l'Oued-Sly et de ses affluents, les laines sont d'une assez grande valeur.

L'administrateur de cette commune a joint, aux laines du pays, des échantillons pris sur les premiers animaux croisés du troupeau communal des Beni-Hindel ; ces animaux sont issus de brebis du pays, à toison grossière, et de béliers mérinos envoyés par la bergerie de Moudjebeur. Prises sur des agneaux d'un an, les laines envoyées ne peuvent donner une idée exacte de ce que produiront ces croisements ; elles sont pourtant déjà beaucoup plus fines que la laine des brebis mères, représentée par le numéro 178.

Les indigènes de cette région emploient encore la faucille pour tondre leurs moutons, et la moitié environ des toisons récoltées est vendue sur les marchés des Ouled-Aomar et des Ouled-bou-Sliman, dont se rapprochent toutes les tribus du Sud de cette commune au moment de la tonte.

L'industrie du tissage, sans offrir une très grande importance dans cette commune, y est pourtant plus développée que dans les autres parties de cet arrondissement ; les femmes font, outre les tissus destinés à leurs parents, un certain nombre de tapis dont la fabrication leur laisse un bénéfice que l'on peut estimer aux deux tiers de la valeur marchande de ces différents objets, la matière première représentant le tiers de leur prix de vente.

TERRITOIRE MILITAIRE
DU DÉPARTEMENT D'ALGER

Dans le territoire militaire de la province d'Alger et en suivant l'ordre géographique adopté pour le lainier, nous trouvons d'abord l'annexe de Sidi-Aïssa dans le cercle de Bousaàda.

Ce cercle contient, avec ses annexes, une superficie de 1,350,200 hectares, 46,486 habitants, 558,639 moutons et 149,140 chèvres.

Nous sommes là en plein pays d'élevage, et la principale richesse de ces tribus, presque toutes nomades, est représentée par leurs troupeaux ; aussi existe-t-il chez ces indigènes plus de 15 animaux de petite taille pour un habitant, 12 moutons 017 et 3 chèvres 208, tandis que l'on ne trouve qu'un mouton par 2 hectares 416 et une chèvre pour 9 hectares 055.

Les laines de Bousaâda sont courtes, presque toutes fines, frisées, à peu près complètement exemptes de jarre ; les plus grossières peuvent se classer dans la catégorie des laines intermédiaires.

L'on récolte dans ce cercle beaucoup de toisons qui ont le tassé des laines mérinos et dont le brin en zig-zag est presque aussi fin que celui de ces laines et contient une proportion de suint suffisante.

La quantité de laine vendue tous les ans sur les marchés de cette commune atteint un minimum de 5 à 6,000 quintaux métriques.

La transhumance est moins développée là que dans l'extrême Sud, et les tribus quittent généralement peu leur territoire qui est du reste assez vaste pour donner à leurs troupeaux une nourriture suffisante.

C'est avec la faucille que se fait la tonte, et cet instrument cause à ces populations une perte d'autant plus grande que la toison de leurs moutons est plus courte et plus tassée.

Dans l'annexe de Sidi-Aïssa, qui se trouve au Nord de ce cercle, les laines sont courtes, quelquefois demi-longues et le type qui domine est représenté par les échantillons 225 et 228. Les animaux de cette contrée ont une toison qui tient à peu près le milieu entre les laines de Bousaâda et celles d'Aumale, suffisament tassées, à mèches carrées, presque sans jarre, à brin ondulé et presque aussi fin que dans les laines de Bousaâda, elles sont pourtant généralement plus longues, ce qui est facile à expliquer par la richesse plus grande de ces contrées.

Il existe encore dans cette commune un second type de laine, moins fin que le précédent, à mèches frisées, manquant souvent presque complètement de jarre, comme le montre l'échantillon 226 ou en contenant parfois, surtout dans le Nord, une assez grande quantité.

L'industrie du tissage est fort peu développée dans ce cercle. Les indigènes se contentent de faire faire par leurs femmes les burnous dont ils ont besoin, les tissus en poils de chèvre et de chameau qui leur servent à porter leurs céréales ou à confectionner leurs tentes, et ces objets ne donnent lieu à aucun commerce d'exportation, c'est tout au plus s'ils font l'objet de quelques t ansactions locales.

La ville de Bousaâda se livre bien, et en petit, à la fabrication des tapis, mais cette industrie, apanage presque exclusif des habitants de la ville, y a pris fort peu d'extension et suffit tout au plus aux besoins de la population du pays.

Le cercle de Boghar contient, avec l'annexe de Chellala, 838,820 hectares, 24,023 habitants, 441,334 moutons, 89,009 chèvres.

Toutes les laines du cercle sont courtes, presque toutes fines, frisées, à peu près sans jarre. Quelques-unes même, dans lesquelles on trouve des traces évidentes de croisement avec la race mérine, ne renferment absolument plus de poils.

Les toisons les plus fines se trouvent dans les Rhaman Cheraga et Gheraba, ainsi que dans les Mouidat, Cheraga et Gheraba; elles sont un peu moins fines chez les Sahary, les Ouled-Zekri et les Ouled-Peschiech, pour perdre encore une partie de leur valeur dans le Tittery, c'est-à-dire dans cette région qui, en contact avec les communes de Berrouaghia et d'Aumale, les sépare l'une de l'autre. Ces laines contiennent, en effet, une certaine proportion de jarre et le brin en devient grossier à l'extrémité.

Le commerce des laines est très actif dans ce cercle, aussi, quoique les habitants du pays consomment près de 55,500 kilos de laine pour leur usage personnel et pour la confection de quelques objets, burnous, haïks, sacs, flidjs ou tapis qui figurent sur les marchés de la région, cette commune vend-elle un minimum de 307,500 kilos de laine.

Certaines laines de l'annexe de Chellala sont courtes, fines, frisées, ont une mèche pointue et un peu vrillée, mais, et cela surtout dans l'ouest de cette annexe, les toisons sont à bouts pointus, à laine grossière et contenant une assez forte proportion de jarre. Ces dernières laines ont même une tendance à dominer dans la tribu des Ouled-Aïssa Chouaqui.

Dans la tribu des Meggane, dans celle des Ouled-Ahmed-Recheiga et dans celle des Ouled-Zenakra-el-Gourt, les laines conservent le même type que dans le reste de l'annexe, mais elles arrivent à avoir un peu plus de longueur.

De même que dans le reste du cercle de Boghar, les bêtes tachetées sont excessivement rares.

La tonte se fait presque exclusivement à la faucille dans cette annexe, tandis que les ciseaux sont surtout employés dans le restant du cercle. Le poids moyen des toisons est dans tout le cercle de 1 kilo et demi à 2 kilos pour les mâles et 1 kilo à 1,250 grammes pour les femelles

Dans l'annexe seule de Chellala, les indigènes ont vendu, en 1888, environ 102,720 toisons, qui, au prix moyen de 1 franc 50, représentent une somme de 154,080 francs. Chaque tente met en œuvre de 20 à 30 toisons par an pour les usages courants; de plus, dans le village de Chellala, les femmes fabriquent quelques tapis destinés à la vente, mais ce commerce offre peu d'importance et, comme dans le restant du cercle, l'on ne vend guère d'objets tissés que lorsque le travail des femmes a dépassé les besoins de la tente.

Le cercle de Djelfa comprend 1,755,320 hectares, 49,249 habitants, 923,574 moutons, 261,220 chèvres, ce qui représente près de 24 animaux de petite race pour 1 habitant, exactement, 18 moutons 753 et 5 chèvres 304; 1 mouton pour près de 2 hectares, et 1 chèvre pour 6 hectares 719.

Les laines de ce cercle ont une grande ressemblance avec les meilleures du cercle de Boghar; elles sont généralement courtes, fines, frisées et à toisons tassées. Presque complètement exemptes de jarre d'habitude, elles contiennent parfois quelques poils tout en conservant leur finesse. Les plus grossières arrivent à être intermédiaires et elles sont alors un peu plus jarreuses. Les échantillons les plus fins ont été envoyés par les Reggad-Chéraga et les Abbaziz. Chez les Sahary, les Ben-Alia et les Ouled-Toaba, les laines tout en restant fines, sont légèrement inférieures à celles des tribus précédentes, il en est de même chez les Knatza. Dans les Reggad-Gheraba et dans les Ouled-Abdelkader, elles sont aussi fines que chez les Abbaziz, quoiqu'on n'y trouve pourtant pas d'une façon aussi marquée des traces de sang mérinos.

Le cercle met en œuvre environ 3,000 quintaux de laine pour subvenir à ses besoins : quelques habitants des Ksour font aussi, mais en très-petit nombre, une sorte d'étoffe appelée Amel-Melgot, qui est très-légère, très-fine et dont les nomades se servent pour séparer en deux compartiments leurs tentes.

Le tissage leur laisse du reste un très-petit bénéfice; l'on en peut donner pour exemple la valeur d'un burnous qui vaut 20 francs seulement alors qu'il a fallu 10 kilos de laine à 1 franc le kilo pour le fabriquer; l'ouvrière ne retire donc que 10 francs pour la confection d'un objet qui lui a demandé un temps assez long. Ce cercle fournit à l'exploitation une moyenne de 8 à 9,000 quintaux de laine par an, qui vaut à Djelfa de 70 à 90 fr. les 100 kilos ; les toisons sont à de rares exceptions près, composées de laines blanches ; l'instrument qui sert à les récolter est comme dans les parties les plus arrièrées des pays arabes, cette espèce de faucille à lame courte, avec laquelle on perd au minimum 5 à 10 pour 100 de la toison, tant l'animal est mal tondu.

Le cercle de Laghouat, qui a une étendue beaucoup plus considérable que celui de Djelfa, 3,417,062 hectares, renferme pourtant une population humaine et un nombre d'animaux beaucoup moins considérable ; on n'y trouve que 17,350 habitants, 251,196 moutons, 88,233 chèvres, ce qui donne 14 moutons 1/2 et 5 chèvres pour un habitant, et 1 mouton pour 13 hectares 1/2, ou une chèvre pour 38 hectares 742.

Les laines de ce cercle sont généralement fines, tassées, courtes ou demi-longues ; elles ont une assez grande analogie avec les laines les moins fines du cercle de Djelfa.

Les indigènes de cette région vendent sur le marché de Laghouat, ou échangent sur les marchés du M'zab, lorsque les nécessités de la transhumance les en ont rapproché, les 2 tiers environ de la laine qu'ils produisent ; le prix moyen dans leur transaction avec les européens est de 70 francs le quintal. Le surplus de ces laines est mis en œuvre dans les tribus, qui se procurent ainsi les vêtements dont elles ont besoin. Les nomades ne fabriquent que fort peu de tissus. C'est dans les Ksour surtout que se tissent les tapis. C'est là du reste une industrie fort peu lucrative. Un tapis de 6 mètres, dont la confection occupe 4 femmes pendant près de 2 mois, ne se vend en effet que de 300 à 350 francs, et si l'on retire du prix de vente la valeur de la laine lavée et teinte, l'on constate que chaque ouvrière n'a eu pour l'indemniser de son travail que la modique somme de 0 fr. 50 centimes par jour.

On trouve fréquemment dans ce cercle, ou plutôt dans certaines tribus de ce cercle, chez les Maamra par exemple, les Ouled-Mekhalifs et les Ouled-M'hammed, des bêtes à toisons tachetées.

Le seul instrument employé pour la tonte est, comme presque partout en pays arabe, la faucille.

Le n° 241 du lainier représente les laines récoltées au pénitencier agricole de Talmit.

Le dernier cercle de la province d'Alger est le cercle de Ghardaïa, avec une superficie de 6,655,000 hectares ; ce cercle ne possède que 37,092 habitants, 41,900 moutons et 22,580 chèvres, ce qui nous donne 1 mouton 111 pour 1 habitant, et 1 chèvre pour 2, tandis qu'il faut 158 hectares pour nourrir un animal de l'espèce ovine, et 294 hectares pour une chèvre.

Les moutons du cercle ont une toison courte ou demi-longue.

Les laines courtes à toisons tassées, à brin fin et frisé et qui contiennent fort peu de jarre, dominent dans les Ouled-Allouch, tandis que dans les Ouled-Abdelkader, outre des laines courtes un peu moins fines que les précédentes, on trouve encore des laines demi-longues et intermédiaires.

Là encore, la faucille est l'instrument employé presque exclusivement pour la tonte des laines, qui contiennent, à cause de la nature du sol de ces régions, une assez grande quantité de sable. La presque totalité des laines produites est mise en œuvre par les habitants, qui sont même obligés pour subvenir à leurs besoins, d'acheter un certain nombre de toisons aux nomades qui viennent pendant l'hiver faire pâturer leurs animaux chez eux.

On ne tisse pourtant guère dans ce cercle que des vêtements, burnous, haïks, gandouras, quelques sacs et des bandes pour la confection des tentes. Quant aux tapis, ils sont importés tout fabriqués, soit du Tell, soit d'autres régions où les indigènes se livrent d'une façon plus suivie à l'industrie du tissage.

En résumé, on trouve dans le département d'Alger des laines de toutes sortes, depuis les laines berbères que l'on récolte dans les massifs du littoral, en passant par les laines intermédiaires que l'on rencontre dans certaines parties du Tell, jusqu'aux laines fines et courtes qui dominent exclusivement sur les hauts plateaux et dans certaines parties de la vallée du Chéliff et de quelques-uns de ses affluents.

Les deux tiers au moins des laines produites dans ce département sont exportées à l'état brut. Les principaux marchés où se font les transactions entre les indigènes et les européens sont, en allant de l'Est à l'Ouest, ceux d'Aumale, de Bousaâda, de Boghari, de Djelfa, de Laghouat et de Téniet-el-Haâd. Un certain nombre d'affaires se font encore sur d'autres points du département, mais ces marchés sont loin d'avoir, au point de vue lainier, l'importance des premiers centres cités.

La fabrication indigène, qui met en œuvre une partie des laines récoltées, a peine à suffire aux besoins de la population qui commence à s'adresser pour certains objets, tels que les couvertures par exemple, au commerce européen. Il n'y a du reste pas là, à proprement parler, une industrie réelle. Dans chaque tente, dans chaque famille où l'élevage du mouton se pratique, l'on confectionne les objets destinés à l'usage des membres de la communauté, et c'est seulement dans quelques régions du département que les femmes, plus habituées à ce genre de travail, arrivent à faire un certain nombre de tissus destinés à la vente. Le bénéfice que leur donne ce travail est du reste toujours fort peu élevé, et c'est à peine si la journée d'une ouvrière habile arrive à lui produire 0 fr. 50 centimes.

TERRITOIRE CIVIL DU DÉPARTEMENT D'ORAN

Le département d'Oran, avec 5,520,000 hectares et 518,000 habitants de moins que le département d'Alger, entretient un nombre de moutons qui n'est inférieur que de 158,000 têtes à celui que nourrit ce dernier département.

Nous commençons la description de ses laines par celles de l'arrondissement de Mostaganem, le premier en partant de l'est.

ARRONDISSEMENT DE MOSTAGANEM

Il a une superficie de 959.642 hectares, une population de 253,463 habitants, 471,392 moutons et 245,435 chèvres, ce qui donne près de 2 moutons et un peu moins d'une chèvre par habitant, tandis qu'il faut 2 hectares 035 par mouton et 3 hectares 909 par chèvre.

En dehors des communes mixtes, nous trouvons pour Mostaganem et le territoire de plein exercice, une superficie de 108,836 hectares, 48,795 habitants, 28,522 moutons, 18,394 chèvres. Il n'existe plus de type de mouton bien défini dans cette partie de l'arrondissement où, comme partout où les européens sont en grand nombre, on pratique plutôt l'engraissement que l'élevage.

Dans la commune de Renault qui, avec une superficie de 90,500 hectares et 27,498 habitants, nourrit 43,908 moutons et 6,050 chèvres, ce qui fait environ 2 moutons par habitant et 2 hectares par mouton, nous trouvons des laines de valeurs absolument variables. Le nord-est, en contact avec la commune de Ténès, ne nourrit guère que des moutons de type berbère à laine grossière, mécheuse, sans élasticité, longue et demi-longue, pendant que la partie de cette commune traversée par le Chéliff donne des laines d'une réelle valeur, courtes, fines, ondulées et à mèches carrées. On y récolte encore, mais d'une façon moins fréquente, un troisième type de laines qui, moins grossières que les laines berbères, n'ont pourtant ni le tassé, ni la finesse des laines de la vallée du Chéliff : ces laines proviennent surtout du sud de cette commune.

Le poids des toisons est de 1 kilo et demi à 2 kilos ; les troupeaux ne transhument pas ; tondus dans le courant d'avril, au moyen de la faucille, leurs toisons ne sont pas trop infestées par la graine de carotte qui pousse dans tous les pâturages de cette région, mais qui ne vient à maturité que lorsque la tonte est déjà faite.

Les indigènes mettent en œuvre, pour leurs besoins, le tiers environ de la laine produite par leurs troupeaux ; ils ne se livrent pas à une fabrication régulière destinée à la vente ; les femmes se contentent dans chaque tente de confectionner les tissus utiles à la famille.

La commune mixte d'Ammi-Moussa, dont la superficie est de 184,523 hectares et la population de 53,038 habitants, possède 77,434 moutons et 69,894 chèvres. Le chiffre relativement élevé de ces dernières est dû à la nature plus accidentée de cette partie de l'arrondissement ; nous y trouvons 1 habitant pour 1 mouton 460 et pour 1 chèvre 317.

Les laines de cette région manquent absolument d'homogénéité; longues, dures, grossières, du type berbère dans le Sud, dans la partie attenant à l'Ouarsenis et à Tiaret, elles sont, dans une bonne partie de cette commune, d'un type tout particulier, intermédiaires, demi-longues, ondulées, à brin brillant, soyeux et ayant une grande analogie avec le poil de la chèvre angora.

Dans le Nord on les trouve mélangées à des laines du même type et courtes et à des laines à brin plus grossier et tout à fait courtes.

Les mâles donnent environ 2 kilos de laine, les femelles 1 kilo et demi.

La toison de ces animaux se récolte encore à la faucille et la presque totalité des laines est employée par la population qui va même en acheter dans le Sud, pour parfaire la quantité nécessaire à la confection des tissus qui lui sont utiles.

Dans la commune de Cassaigne dont les 86,962 hectares, qui portent 32,557 moutons et 38,804 chèvres, sont mis en valeur par 24,411 habitants, l'on rencontre au Nord des laines berbères. Ces laines changent de nature en se rapprochant du centre de la commune et tout en restant grossières et assez longues deviennent pourtant légèrement ondulées.

Dans le Sud-Ouest au contraire, surtout dans les tribus de M'zila et des Ouled-Maallah, elles sont courtes, fines, frisées, à mèches carrées et d'une valeur assez grande. Les laines de ce type sont surtout localisées dans la vallée du Chéliff; elles valent dans cette région de 90 à 100 francs le quintal. Les toisons pèsent 2 kilos à 2 kilos et demi et sont rarement tachetées ou de couleurs foncées.

La tonte qui se pratique avec la faucille ou avec les ciseaux, se fait dans le courant des mois de mars et d'avril, selon les exigences de la température, qui, seule guide les indigènes dont les troupeaux ne transhument pas.

On met en œuvre dans cette commune les 2 tiers au moins des laines qui y sont récoltées, non pas que le commerce des tissus y soit développé, mais parce que le nombre de moutons étant de fort peu supérieur à celui des habitants, ceux-ci ont besoin de la presque totalité des produits de leur troupeaux pour leur usage personnel.

La commune mixte de Zemmora, située au sud de la première et dont une grande partie se trouve dans les plaines du Chéliff, contient 166,027 hectares, 31,660 habitants, 85,431 moutons, 41,648 chèvres. L'influence de la plaine se fait immédiatement sentir sur la proportion qui existe entre les moutons et les chèvres ; tandis que nous trouvons 2 moutons 698 pour un habitant, il n'y a qu'une chèvre 315 par personne et alors qu'un mouton utilise un peu moins de 2 hectares, c'est presque 4 hectares qu'il faut parcourir pour trouver une chèvre.

Les laines de cette commune sont généralement fines, frisées, courtes et contiennent peu de jarre. On en trouve aussi dans les mêmes tribus qui sont demi-longues, ondulées, soyeuses, et d'autres qui, encore moins fines, ne peuvent plus se ranger que dans la catégorie des laines intermédiaires.

Comme dans la plupart des autres parties de cet arrondissement, la presque totalité des laines produites est utilisée par les habitants du pays pour la fabrications des objets propres à leur consommation.

Dans la commune mixte de Tiaret, qui contient 157,682 hectares, la statistique donne 20,034 habitants, 107,822 moutons et 14,255 chèvres, ce qui fait 5 moutons 381 et un peu moins d'une chèvre par habitant, 1 hectare et 1/2 par mouton et 11 hectares par chèvre.

Les laines de cette région appartiennent surtout à 2 genres différents ; le type berbère, représenté par des laines longues et demi-longues, dures, sèches et grossières domine dans le Nord et le Nord-Ouest.

Le second type, composé de laines demi-longues, très légèrement ondulées, à mèches ouvertes et à bouts frisés et dont le brin est intermédiare comme finesse, contient une quantité de jarre plus ou moins grande selon l'animal qui la fournit. C'est surtout dans le sud de la commune que l'on rencontre ces laines ; on en trouve encore un troisième genre tenant le milieu entre les deux premiers et qui semble être le produit de croisements entre la race berbère et les moutons du Sud.

C'est à peine si la population emploie le tiers des laines qu'elle récolte; le surplus est vendu sur les marchés de la région, surtout sur celui de Tiaret, de 80 à 85 francs le quintal.

La moyenne du poids des toisons n'est que de 1,500 à 1,800 grammes pour les béliers, d'un kilo environ pour les brebis; et c'est avec les ciseaux que l'on procède à leur récolte.

Dans les échantillons envoyés par la commune mixte de l'Hillil, on rencontre des laines de tous les types; cela n'a du reste rien d'étonnant, car le territoire de cette commune, qui a une superficie de 165,112 hectares, une population de 48,027 habitants, 95,718 moutons et 56,390 chèvres, se trouve en contact avec des régions absolument différentes et où les races de moutons changent d'une façon complète. Aussi, tandis que nous voyons, au nord, quelques laines du type berbère, récolte-t-on dans le Sud-Est, dans la partie qui limite Mascara, des toisons d'une grande finesse à laine courte et sans jarre.

D'autres laines, demi-longues, sans jarre, d'un beau type intermédiaire, se trouvent encore dans cette commune, qui produit aussi des toisons d'un assez haut degré de finesse, à brin presque long, et d'une valeur véritable.

C'est, de tout l'arrondissement, la commune où l'on fabrique le plus de tissus. Outre les objets nécessaires à la consommation locale, on y confectionne, surtout dans la ville d'El-Kalaâ, une assez grande quantité de tapis destinés à la vente. Dans cette seule ville et dans ses deux faubourgs, il a été fabriqué, en 1886, 810 tapis qui, à une valeur moyenne de 50 francs l'un, ont produit une somme de plus de quarante mille francs. Cette commune vend pourtant plus d'un tiers des laines qu'elle produit et les habitants d'El-Kalaâ et ses environs préfèrent acheter aux indigènes du Sud une matière première qui convient mieux à leur fabrication.

C'est à la faucille que se tondent les moutons dans cette région.

ARRONDISSEMENT DE MASCARA

L'arrondissement de Mascara a une superficie de 984,782 hectares, 127,792 habitants, 431,919 moutons, 203,369 chèvres ; cela donne donc 5 bêtes et demi de petit bétail par habitant, 3 moutons 379 et 2 chèvres 280 et 1 hectare et demi par mouton, en même temps que 4 hectares 842 par chèvre.

Dans cet arrondissement, les laines sont très variables. Les plus grossières se trouvent dans le nord de Frendah et dans le Sud-Ouest de la commune de Cacherou ; dans tout le surplus de cette circonscription administrative elles sont intermédiaires ou fines ; les plus belles se trouvent au Sud de Mascara. Cet arrondissement comprend, en dehors des communes mixtes, 22,377 hectares, 21,972 habitants, 7,782 moutons et 1,808 chèvres.

La commune mixte de Cacherou, dans laquelle on compte 110,117 moutons et 47,806 chèvres, avec une population de 27,351 habitants et 176,065 hectares, entretient 2 races de moutons assez différentes l'une de l'autre. La première, qui vit dans la plaine et que l'on trouve surtout chez les Ternifines, porte une laine demi-longue, fine, frisée, presque sans jarre, représentée par les numéros 27 et 28 du lainier. La deuxième, cantonnée surtout dans la montagne, chez les M'hamids, se rapproche beaucoup du type berbère auquel elle a l'air d'appartenir. La laine qu'elle produit est à mèche longue, fortement chargée de jarre, à brin grossier et ressemble beaucoup plus à du poil qu'à de la laine.

On recueille encore dans cette région des laines longues, frisées à la base qui ne contiennent pas trop de jarre, mais dont la mèche est à bout pointu et l'extrémité tout à fait grossière. Les animaux qui portent ces toisons proviennent probablement de mélanges entre les races de la plaine et celles de la montagne.

Les troupeaux qui vivent dans les plaines y trouvent une nourriture suffisante et n'ont pas besoin d'émigrer. Il n'en est pas de même pour ceux de la montagne, pour qui la transhumance est une impérieuse nécessité et qui passent une partie de l'année dans les plaines de l'Abra.

Le nombre des bêtes tachetées est assez élevé dans cette commune ; il varie d'un tiers chez les M'hamids, à un cinquième chez les Ternifines.

Les toisons, que les indigènes recueillent à la faucille, arrivent à peser jusqu'à 3 et 4 kilos chez les plus beaux animaux. Ces laines sont toutes employées par leurs producteurs ou par les indigènes des communes voisines, aussi les transactions ont-elles surtout lieu dans cette région, à la toison, qui se vend de 2 francs 50 centimes à 4 francs.

La commune de Frendah, au Sud de la précédente, contient aussi quelques laines du type berbère, dans la partie Nord en contact avec le territoire de Cacherou et de Tiaret. Cette commune a une superficie de 244,842 hectares avec une population de 17,841 habitants, dont la principale richesse consiste en de nombreux troupeaux comptant 145,769 moutons et 57,441 chèvres, soit plus de 8 moutons par habitant, en même temps que 3 chèvres 275, 1 mouton pour 1 hectare et demi et une chèvre pour 4 hectares.

J'ai déjà dit que l'on trouvait au Nord et au Nord-Est de cette commune des moutons se rapprochant beaucoup de la race berbère. Plus au Sud paissent des animaux dont la toison est demi-longue, fine, frisée, avec un peu de jarre, et, en plus grand nombre, des moutons dont la laine, de même longueur, ne peut guère se classer que dans la catégorie des laines intermédiaires. Telles sont les sortes qui dominent notamment dans les Khallafa-Chéraga, où les toisons sont à brin demi-long, d'une finesse moyenne, à bout frisé, avec une certaine quantité de jarre ; le bout du brin est d'habitude plus grossier que la base. En résumé, les laines de cette région sont généralement grossières et longues au Nord ; celles qui dominent dans le reste de la commune sont demi-longues et intermédiaires, et l'on y récolte exceptionnellement des laines fines et courtes. La transhumance est fort restreinte dans cette commune dont les troupeaux ne quittent presque jamais le territoire. Le prix moyen des toisons choisies et qui pèsent 1 kilo et demi environ, est de 1 fr. 75 dans les transactions entre les indigènes, qui n'emploient absolument que la faucille pour tondre leurs moutons. A peine vend-on la moitié des laines récoltées dans cette région, quoique l'on y compte plus de 8 moutons par habitant ; c'est, qu'outre les tissus utiles à leur famille, les femmes y tissent encore un fort grand nombre de burnous noirs qui, connus dans l'Algérie toute entière, sous le nom de Zourdani, forment un vêtement d'hiver chaud et imperméable. Le principal marché de ces vêtements est Mascara.

La commune mixte de Mascara a 209,836 hectares, 42,159 habitants, 67,739 moutons, 41,420 chèvres, ce qui donne environ deux moutons et une chèvre pour un habitant, un mouton pour trois hectares et une chèvre pour cinq.

Ses laines peuvent se classer parmi les courtes et demi-longues. Dans la tribu des Metchatchir elles sont courtes, très frisées, généralement fines et exemptes de jarre, mais souvent aussi très vrillées.

L'échantillon 33 du lainier représente le type qui domine dans cette région où se récoltent pourtant, mais en petite quantité, des produits semblables au numéro 34.

Chez les Ouled El-Hammam, les laines sont d'habitude fines, mais moins courtes que dans la tribu précédente et chez les Ouled Abdel-Ouahed elles arrivent à être demi-longues, tout en gardant un assez grand degré de finesse. L'échantillon 36 du lainier représente les laines les plus grossières de cette commune dont l'ensemble est généralement bon.

Le poids des toisons varie de 1 kilo et demi à 2 kilos et demi pour les mâles, et de 1,200 à 1,500 grammes pour les femelles.

Une assez grande partie de ces laines est mise en œuvre par les indigènes de la campagne, le surplus vient avec des laines du Sud fournir la matière première nécessaire aux habitants de la ville pour les tissus qu'ils fabriquent.

Quoiqu'environnant un centre important déjà, et quoiqu'en relations journalières avec les Européens, les Arabes de Mascara emploient encore la faucille pour tondre leurs troupeaux.

La commune mixte de Saïda a une superficie de 361,662 hectares, une population de 18,469 habitants, 100,712 moutons et 55,614 chèvres, c'est donc près de 6 moutons et de 3 chèvres par habitant, et 1 mouton par 3 hectares 293, en même temps qu'une chèvre par 5 hectares 963.

Les laines envoyées par cette commune sont courtes ou demi-longues, fines, frisées et presque sans jarre ; on en trouve encore, d'une façon moins fréquente, qui sont intermédiaires comme finesse et peuvent se classer dans les laines demi-longues.

Les femmes de Saïda ne mettent guère en œuvre que le tiers de la laine récoltée dans ce pays ; les troupeaux ne transhument généralement pas ; cependant, il est d'usage, dans le courant du mois de mars, de les mener soit du côté de l'Oued El-Abib, soit dans la région des Chotts. Les indigènes y font boire à leurs animaux, pendant une quinzaine de jours, les eaux salées de ces contrées, ce qui, disent-ils, a une influence très heureuse sur leur santé.

Le poids de la toison des mâles varie de 1 kilo et demi à 2 kilos ; celui des femelles est de 1,600 grammes environ.

Elles se vendent de 60 à 70 francs le quintal sur le marché de Saïda, mais les toisons entièrement noires, qui sont très recherchées par les indigènes, pour la confection des burnous, dits de Mascara, valent de 2 fr. 50 à 4 fr. la toison.

La faucille est l'instrument le plus employé pour tondre les moutons ; ce n'est que par exception que l'on se sert des ciseaux pour cette opération. En résumé, l'arrondissement de Mascara, s'il ne contient pas un nombre de moutons fort élevé, en nourrit pourtant une assez grande quantité 431,919.

Les habitants de cette région achètent bien leurs tapis dans l'arrondissement de Mostaganem surtout à El-Kalaa, mais ils fabriquent en revanche, principalement dans les communes de Mascara et de Cacherou, une assez grande quantité de ces burnous noirs dits zourdani et qui sont appréciés par les riches indigènes de toute l'Algérie. Pourtant, là comme partout en pays arabe, nous ne trouvons pas, à proprement parler, une industrie organisée ; ce sont seulement les femmes qui fabriquent à leurs moments perdus les objets destinés à la vente ; cela s'explique du reste par les mœurs des indigènes et le bénéfice fort restreint que donne cette industrie. Ainsi, dans la commune de Saïda où l'on fait quelques tapis, on estime qu'un de ces objets qui a demandé 30 jours de travail laisse à peine 20 francs de bénéfice aux femmes qui l'ont tissé.

ARRONDISSEMENT D'ORAN

L'arrondissement d'Oran comprend 605,192 hectares, 193,054 habitants, 147,485 moutons, 94,443 chèvres.

On a bien envoyé de cette région des échantillons de laines qui feraient supposer que la race du pays à une assez grande valeur au point de vue lainier. Ces laines sont en effet presque toutes longues ou demi-longues et d'un bon type intermédiaire. Mais il n'y a réellement pas de races ovines bien caractérisées dans cet arrondissement. L'élevage s'y pratique peu et, comme dans tous les environs des grandes villes, les cultivateurs préfèrent se livrer à l'engraissement plutôt qu'à la production du mouton ; ceux même qui se livrent à l'élevage achètent sur les marchés qui approvisionnent la capitale des animaux un peu de toutes les races et qu'ils choisissent parmi ceux qui leur semblent les meilleurs.

ARRONDISSEMENT DE SIDI-BEL-ABBÈS

L'arrondissement de Sidi-bel-Abbès a une superficie de 585,909 hectares, 61,827 habitants, 97,211 moutons, 76,800 chèvres.

La commune de Mekerra élève fort peu de moutons 12,407 pour 10,014 habitants qui exploitent 83,187 hectares sur lesquels on trouve en même temps 14,473 chèvres.

Il en est de même de la commune de Bou-Kanefis qui comprend 52,913 hectares, 8,065 habitants, 10,160 moutons, 7,992 chèvres.

Les laines de la commune de Mekerra sont généralement fines et peuvent se classer dans la catégorie des laines courtes et demi-longues. Les plus belles laines courtes se trouvent dans la tribu des Tirenat qui fait partie de la confédération des Ouled-Brahim, les laines fines et demi-longues dominent au contraire chez les Ouled-ben-Youb et les Ouled-Sliman. Dans cette dernière fraction surtout il existe un assez grand nombre de bêtes tachetées ou à toison noires. En définitive l'ensemble est bon.

C'est presque uniquement avec la faucille que les indigènes dépouillent leurs moutons de leurs toisons ; celles-ci, qui atteignent un poids moyen de 2 kilos pour les mâles et de 1 kilo 500 pour les femelles, arrivent, entre indigènes, selon leur couleur et leur finesse, à valoir de 2 à 4 francs la toison. La moitié à peu près de la laine produite dans cette commune est employée par les habitants pour leur usage personnel, le surplus se vend sur le marché de Sidi-bel-Abbès. Les marchands indigènes de la région de Mascara viennent pourtant acheter, en tribu, les plus belles toisons, surtout celles qui sont d'une couleur uniformément noire.

La commune de Telagh, la plus importante de l'arrondissement au point de vue de l'élevage du mouton, en nourrit 48,402, avec 37,125 chèvres, sur un territoire de 355,109 hectares, et avec une population de 11,430 habitants, ce qui donne 4 moutons 243 et 3 chèvres 248 par habitant, 1 mouton pour 7 hectares 336, une chèvre pour 9 hectares 565.

Les laines du Telagh sont généralement grossières et contiennent une forte proportion de jarre ; dans la partie Nord-Ouest de la commune elles appartiennent au type berbère, sont dures, sèches et longues. Dans le centre, on trouve des laines intermédiaires presque grossières, jarreuses, dont le bout est légèrement frisé. Dans les parties qui avoisinent Mascara et Saïda, elles sont, au contraire, fines et courtes ou demi-longues.

La tonte qui se fait dans le courant du mois d'avril et exclusivement à la faucille, donne des toisons de 2 kilos pour les béliers, et de 1 kilo et demi pour les brebis.

La plus grande partie des laines est livrée au commerce, les femmes indigènes de cet arrondissement ne tissent, en effet, que les étoffes ou les tapis nécessaires à l'usage de leurs familles.

ARRONDISSEMENT DE TLEMCEN

L'arrondissement de Tlemcen a une superficie de 421,167 hectares, une population de 92,190 habitants, 119,223 moutons, 114,039 chèvres, soit un peu plus de 2 têtes et demi de petit bétail par habitant, et un peu moins de 2 hectares pour une tête de l'espèce ovine ou caprine.

Les communes de Sebdou et d'Aïn-Fezza seules, ont envoyé les échantillons qui étaient demandés pour la confection du lainier. Aussi ne puis-je donner que d'une façon toute approximative, et d'après des renseignements de sources particulières, mon appréciation sur les laines des deux communes suivantes où l'élevage est, du reste, peu important.

La commune de Nedroma, avec une superficie de 63,588 hectares, une population de 22,477 habitants, n'a que 10,104 moutons, 28,348 chèvres.

Dans la commune de Remchi on trouve 122,780 hectares, 16,785 habitants, 48,440 moutons et 38,765 chèvres.

La commune d'Aïn-Fezza, dont la superficie est de 91,091 hectares et la population de 9,357 habitants, possède 21,783 moutons, 15,960 chèvres.

C'est donc plus de 2 moutons par habitant, et un mouton par 4 hectares de superficie.

Les laines de cette commune sont longues, grossières, contiennent une forte proportion de jarre et appartiennent au type berbère.

Il en est de même pour la commune de Sebdou qui a un territoire de 87,779 hectares, 9.885 habitants, 22,658 moutons, 25,257 chèvres.

Les troupeaux de ces communes ne transhument pas; ils trouvent toute l'année une nourriture suffisante dans la région accidentée qu'ils habitent.

Les toisons tachetées atteignent 7 à 8 pour cent du chiffre total, et la tonte se fait partout à la faucille.

Un tiers de la production du pays est absorbé pour les besoins locaux, quoique l'industrie du tissage soit fort peu développée dans cet arrondissement.

TERRITOIRE MILITAIRE DE LA PROVINCE D'ORAN

Le territoire militaire de la province d'Oran est de 8,002,829 hectares, il a une population de 111,458 habitants, 2,008,820 moutons et 515,121 chèvres.

Nous en commencerons la description par le cercle de Tiaret qui nourrit, à lui seul, y compris l'annexe d'Aflou, environ la moitié de cette population ovine.

On compte, sur son territoire, de 1,580,350 hectares, et, avec une population de 34,079 habitants seulement, 994,847 moutons et 171,017 chèvres, ce qui donne plus de 34 têtes de petit bétail par habitant, 29 animaux 192 de l'espèce ovine et 5 animaux 18 de l'espèce caprine; chaque mouton a 1 hectare 588 de parcours, en même temps qu'une chèvre vit sur 9 hectares 240.

On trouve, presque dans dans toutes les tribus du Nord de ce cercle, à côté de laines courtes et fines, des laines demi-longues et intermédiaires qui dominent dans le pays, et des laines longues, grossières, et du type berbère, absolument semblables à celles de la commune mixte de Tiaret. C'est là une région à cheval sur le massif montagneux de Tiaret et sur les hauts plateaux où toutes les tribus, à l'exception des Guenatza, qui ne transhument pas, vont passer l'hiver et c'est à cette situation toute particulière, à ces voyages, qui les mettent en contact, tantôt avec les troupeaux du Tell, à laine grossière dans cette partie de l'Algérie, tantôt avec les troupeaux de l'annexe d'Aflou, à laine fine et courte, qu'il faut attribuer ce mélange.

Les laines courtes dominent surtout chez les Ouled-Kharouby, les Ouled-Cheraga et les Ouled-Guenetza. Les laines demi-longues dans les Ouled-Zian-Gueraba, les laines longues chez les Bou-Assif.

Les nomades passent tout leur hiver dans le Sud ; ils

remontent au printemps au moment de la tonte et vont, les uns dans le massif montagneux du Nador, les autres sur le plateau du Sersou. Ils se rapprochent ainsi du marché de Tiaret, où ils vendent à peu près la moitié de la laine produite par leurs troupeaux ; le surplus est mis en œuvre par les femmes de la tribu, où l'on fabrique une assez grande quantité de tapis.

Chose remarquable, les femmes de cette contrée ne font ni burnous, ni haïks. Dans les tentes riches, elles se contentent de faire les tapis et autres tissus destinés à leur famille; dans les intérieurs moins aisés, c'est dans un but commercial que l'on se livre à ce travail.

Voici comment cette fabrication se fait d'habitude ; un ouvrier, nommé Reggam dans le pays, est chargé moyennant rétribution de diriger le travail des femmes, il ne tisse lui-même jamais. Les femmes sous sa direction dressent un métier vertical (le métier horizontal n'est destiné qu'aux travaux grossiers), et, lorsque la chaîne est tendue, placé du côté opposé à celui où se trouvent les tisseuses, il les guide dans leur travail. Il passe, pour délimiter les couleurs, des petits bouts de laine blanche qui restent dans le tapis après sa fabrication et le pique de points blancs.

Les tisseuses sont d'habitude les femmes de la tente, leurs voisines viennent pourtant, à charge de réciprocité, les aider lorsqu'elles sont trop pressées; cela s'appelle faire une touïza.

Les Reggams sont payés de 15 à 25 francs, quelquefois 30 francs, quand ils sont très habiles. On va jusqu'à 50 francs de gratification quand les tapis sont fort longs et nécessitent un travail de trois mois environ. Les ouvrières, selon leur habileté, gagnent de 10 à 15 francs pour le même travail et elles reçoivent en outre, si elles sont très adroites, un cadeau qui consiste en une pièce de cotonnade, une paire de souliers, ou un autre objet de peu de valeur. Reggams et ouvrières sont de plus nourris et logés pendant tout le temps que dure leur travail. Le prix de revient d'un tapis fabriqué dans le cercle de Tiaret peut se décomposer comme suit : le prix de la laine lavée revient à peu près à 2 francs le kilo ; on donne au teinturier de 2 francs à 2 francs 50 par kilo, pour teindre la matière première. Un tapis de 17 kilos et qui vaut 150 francs environ, laisse donc comme bénéfice pour le travail de la tente et une fois le reggam payé une somme de 50 à 60 francs.

Tous ces détails de fabrication s'appliquent aussi à l'annexe d'Aflou, dont les habitants se livrent en grand à la fabrication des tapis, surtout dans le Djebel-Amour, dont les produits sont fort appréciés en Algérie.

Les nombreux troupeaux de cette annexe peuvent se diviser en trois grandes sections, qui sont bien loin, du reste, d'avoir toutes la même importance numérique. Les moutons qui vivent sur les hauts plateaux, ceux qui paissent sur le Djebel-Amour, ceux qui parcourent les régions sahariennes. Toutes les laines de cette annexe, quelle qu'en soit l'origine sont des laines courtes. Celles qui proviennent des hauts plateaux, tassées, fines, frisées, complètement exemptes de jarre, valent les laines de Djelfa et de Boghar ; il en est de même pour les laines produites dans le Djebel-Amour.

Dans les régions sahariennes, au contraire, les laines contiennent une certaine quantité de jarre. Malgré la finesse de ces laines, le croisement mérinos a donné d'excellents résultats Les échantillons les plus fins envoyés des hauts plateaux, nos 103 et 104, ou par le Djebel-Amour 105 et 106, sont en effet moins frisés, moins chargés en suint que les laines qui proviennent du troupeau modèle de la commune indigène, et dont l'ensemble est représenté par les échantillons 101 et 102. Ces croisements seraient surtout utiles dans les tribus sahariennes, où ils feraient certainement disparaître d'une façon complète le jarre que l'on trouve dans les laines de la région, qui sont représentées sur le lainier par les nos 107 et 108.

Dans l'annexe d'Aflou comme dans le restant du cercle de Tiaret, les laines se récoltent exclusivement au moyen de la faucille.

Le cercle de Saïda, commune indigène de Yacoubia, dont le territoire est limité au Sud par le chott El Chergui, a une surface de 654,045 hectares ; il possède une population de 14,096 habitants qui trouvent dans le pays couvert de collines et coupé de vallées, des pâturages suffisants pendant toute l'année, pour 257,944 moutons et 59,449 chèvres.

C'est donc, dans cette commune, 18 moutons 299 et 4 chèvres 217 par habitant, et 2 hectares 100 environ pour une tête de petit bétail.

Le type des laines de cette région est représenté par des toisons à mèches ouvertes, à brin demi-long et intermédiaire.

Dans la partie Sud de la commune on trouve des laines plus courtes et à peu près du même type, tandis que tout à fait au Nord et à côté de la commune de Saïda, l'on récolte quelques laines qui, tout en restant demi-longues, ont un assez grand degré de finesse.

Le poids moyen des toisons est de 1,500 grammes à 2 kilos pour les mâles, de 12 à 1,800 grammes pour les femelles.

La tonte, qui se fait exclusivement à la faucille, se pratique dès que les premières chaleurs se font sentir, de fin mars à fin avril, et fournit des laines qui valent, sur les marchés de la région, de 60 à 65 francs les 100 kilos. Les indigènes de cette commune emploient environ le tiers des laines qu'ils produisent pour la fabrication des tissus dont ils ont besoin. Les procédés employés pour la confection des tapis sont les mêmes que ceux décrits pour le cercle de Tiaret.

Le cercle de Géryville, au Sud du précédent, dont il est séparé par les grands chotts du Sud Oranais, à une population de 23,222 habitants, qui parcourent avec 366,534 moutons et 141,742 chèvres, les 2,888,900 hectares qui en forment le territoire.

La presque totalité des laines de ce cercle peuvent se classer dans les laines intermédiaires ; les unes sont courtes, surtout dans l'Est, les autres sont demi-longues dans le Nord et dans le centre ; on y trouve partout mélangées des laines courtes et grossières.

Les indications de la carte lainière ne peuvent être données dans ces régions de l'extrême Sud avec une exactitude absolue. Elles se rapportent aux confédérations qui habitent ces contrées, où elles ont d'énormes terrains de parcours, plutôt qu'aux points exacts où on les a dessinés.

Les nomades de ce cercle emploient à peu près la moitié des laines qu'ils produisent à la confection des tissus qu'ils fabriquent et qui consistent en étoffes blanches, burnous, haïks, gandouras et tapis.

Les laines de Lalla-Marnia sont généralement longues, grossières, jarreuses, se rapprochant du type berbère dans la partie au Sud de Tlemcen. Avec une superficie de 259,834 hectares, une population de 23,898 habitants, il nourrit 122,305 moutons et 98.663 chèvres. C'est surtout dans le Nord de l'annexe d'El-Aricha que l'on trouve les laines les plus grossières en mélange. ainsi que dans le reste de la commune, avec quelques laines intermédiaires et qui paraissent originaires des pays voisins.

La faucille est seule employée pour faire la tonte dans tous les troupeaux du cercle ; cette opération se pratique à la fin d'avril dans le Nord de Lalla-Marnia, et en mai seulement dans l'annexe d'El-Aricha.

Les indigènes mettent en œuvre les deux cinquièmes environ des laines qu'ils récoltent, et c'est surtout à la fabrication de burnous, de flidjs, de tellis, qu'ils emploient ces laines. Ils ne savent plus, dans cette région, confectionner leurs tapis : ils sont obligés d'en acheter chez leurs voisins. Ils font pourtant, en mélangeant l'alfa et la laine, des nattes très solides et très souples.

Le cercle d'Aïn-Sefra, avec une énorme superficie de 2,619,700 hectares, n'entretient qu'une population de 16,163 habitants qui possèdent 267,190 moutons et 44,250 chèvres. Ces chiffres donnent 10 hectares de parcours par mouton, et une population ovine ou caprine de 18 animaux par habitant.

Ces tribus sont nomades, et c'est tantôt sur les marchés de Saïda, tantôt sur ceux de Méchéria ou de Sebdou que sont vendus les produits de leurs troupeaux, qu'elles tondent encore avec la mezedja (la faucille).

Les laines de ce cercle sont intermédiaires ou grossières, courtes ou demi-longues et contiennent une proportion de jarre assez variable. On y trouve quelques laines longues se rapprochant du type berbère dans l'annexe de Méchéria où elles ont pourtant l'air d'avoir été modifiées par des croisements.

Les indigènes de ce cercle ne fabriquent pas non plus de tapis ; ils achètent ceux dont ils ont besoin à des marchands des Arrars ou des Trafis et leurs femmes se contentent de tisser des burnous, des tellis et des haïks.

DÉPARTEMENT DE CONSTANTINE

Le département de Constantine se divise, au point de vue lainier, en trois grandes régions.

Les pays kabyles du littoral ou de l'Aurès, dans lesquels domine la race berbère; le centre où l'on trouve des laines intermédiaires et demi-longues, et même fines et longues comme dans l'Est du Hodna, chez les Ouled-Soltan ; le Sud où se récoltent surtout des laines fines, courtes et tassées.

ARRONDISSEMENT DE BONE

L'arrondissement de Bône a une superficie de 527,066 hectares, 101,034 habitants, 70,952 moutons et 38,497 chèvres.

L'élevage du mouton a perdu presque toute son importance dans cet arrondissement où, de même que dans celui de Philippeville, la culture de la vigne a pris une très grande extension. Les propriétaires de la région se livrent surtout à l'engraissement d'animaux qu'ils achètent un peu partout; aussi, les autorités locales ont-elles jugé inutile d'envoyer des échantillons pour la constitution du lainier.

ARRONDISSEMENT DE GUELMA

L'arrondissement de Guelma, sur un territoire de 456,898 hectares et une population de 114,353 habitants entretient 235,832 moutons et 103,503 chèvres.

La production du mouton y est presque exclusivement cantonnée dans les communes de la Sefia et de Soukahras. Tandis que la partie en territoire de plein exerxcice de cet arrondissement a une surface de 79,913 hectares, 27,165 habitants 18,556 moutons, et 12,021 chèvres, ce qui donne à peu près 1 animal de petite race pour 1 habitant et pour 2 hectares et demi, et que la commune de l'Oued-Cherf nourrit avec 87,299 hectares, 24,763 habitants, 35,169 moutons et 12,174 chèvres ; la commune de la Sefia, sur une superficie de 98,344 hectares et avec une population de 32,741 habitants, entretient 105,882 moutons et 34,305 chèvres, soit 3 moutons et 1 tiers et un peu plus d'une chèvre par habitant, 1 mouton pour un peu moins d'un hectare et une chèvre pour 2 hectares 866.

La commune de Soukahras, de son côté, possède 201,342 hectares, une population de 26,684 habitants, 126,225 moutons et 45,003 chèvres, ce qui fait 4 moutons 730 par habitant et un mouton pour 1 hectare et demi en même temps qu'une chèvre pour 4 hectares et demi.

Les laines de la Sefia sont demi-longues ou longues, généralement intermédiaires, à bouts frisés, les unes presque exemptes de jarre, les autres en contenant une grande quantité. Celles de Soukahras, intermédiaires ou grossières, sont jarreuses, mécheuses et demi-longues, on y trouve aussi des laines plus courtes, presque aussi jarreuses.

Les habitants de cet arrondissement tirent de la Tunisie leurs tapis et leurs vêtements les plus beaux. Il ne confectionnent guère eux-mêmes que des tissus d'un usage journalier et ce n'est que le surplus de la fabrication des femmes de la tente, lorsque surplus il y a, qui donne lieu à quelques rares transactions commerciales.

ARRONDISSEMENT DE BATNA

L'arrondissement de Batna comprend 1,015,168 hectares, 131,459 habitants, 698,448 moutons, 508,039 chèvres. Ce qui donne 5 moutons 315 et 3 chèvres 865 par habitant avec un peu plus d'une tête de petit bétail par hectare.

C'est surtout dans les communes d'Aïn-el-Ksar, de l'Aurès et de Khenchela que l'on se livre à l'élevage du mouton.

L'on trouve, en effet, sur les communes de plein exercice 30,573 hectares, 13,507 habitants, 18,445 moutons et 7,205 chèvres ; dans la commune d'Aïn-Touta, 239,817 hectares, avec 20,880 habitants, 82,160 moutons et 118,519 chèvres.

Dans les Ouled-Soltan, 31,228 habitants mettent en valeur 243,002 hectares avec 90,338 moutons et 71,481 chèvres.

Les laines d'Aïn-Touta sont grossières, intermédiaires ou demi-longues. Celles des Ouled-Soltan sont fines, longues et d'une réelle valeur.

La superficie de la commune de Khenchela est de 199,808 hectares ; sa population de 16,917 habitants possède 192,000 moutons et 111,425 chèvres, c'est donc 12 moutons et 6 chèvres et demi par habitant. Les laines de cette commune sont demi longues ou longues chez les Mellagou et les Oudjana. Dans la tribu des Amamra on trouve, à côté de laines grossières et longues, des laines demi-longues et intermédiaires et des laines courtes et fines.

Les indigènes de ces régions emploient la faucille pour récolter leurs laines et commencent la tonte dans le courant d'avril pour finir en mai.

Le prix de la toison qui pèse de 1 kilo et demi pour les femelles à 2 kilos pour les mâles, est généralement de 1 franc 75 centimes par toison.

Dans la tribu des Oudjana on vend la presque totalité des laines ; c'est à peine si cette tribu met en œuvre le vingtième des laines qu'elle produit.

Les Amamra vendent aussi les 2 tiers de leur récolte et n'emploient guère pour leur usage personnel plus de 24,000 toisons.

La commune mixte d'Aïn-el-Ksar, dont la superficie est de 240 298 hectares, a une population de 26,292 habitants et l'on compte dans ses troupeaux 191,095 moutons, et 60,147 chèvres. Soit 7 moutons 1 quart et 2 chèvres 287 par habitant, 1 mouton pour 1 hectare 1/4 et 1 chèvre pour 4. Les laines qui dominent dans cette commune sont courtes, elles atteignent pourtant plus de longueur, tout en restant fines, chez les Ouled-bou-Aoun qui limitent les Ouled-Soltan. Dans les Hachèches où les laines sont généralement courtes et fines on en trouve de grossières et de longueurs diverses et qui doivent provenir de mélanges avec les troupeaux de l'Aurès ou de Khenchela. Dans les Ouled-Zoui enfin, elles sont moins bonnes que chez les Bou-Aoun mais supérieures à celles des Hachèches.

C'est généralement avec les forces que l'on procède à la tonte des troupeaux de cette région et les laines valent de 85 à 90 francs les 100 kilos sur le marché de Batna.

Les indigènes emploient à peu près le tiers, de la laine qu'ils produisent, ce qui représente environ 2 toisons et demi par habitant.

La commune de l'Aurès a une superficie de 61,670 hectares, 124,410 moutons, 139,262 chèvres, pour une population de 22,632 habitants. Dans ces pays montagneux, l'élevage de la chèvre devient plus important que celui du mouton ; aussi y trouve-t-on 6 chèvres 152 et 5 moutons et demi seulement par habitant ; de plus les laines y sont grossières, courtes ou demi-longues et une certaine quantité de bêtes ont la toison noire ou tachetée.

En résumé, dans l'arrondissement de Batna, ce n'est guère que dans les Ouled-Soltan et les parties d'Aïn-el-Ksar et d'Aïn-Touta qui limitent les Ouled-Soltan, que l'on trouve des laines fines et longues. Dans le restant d'Aïn-el-Ksar on trouve quelques bonnes laines courtes, mais dans le surplus de cet arrondissement les laines sont absolument grossières, quelle que soit leur longueur.

ARRONDISSEMENT DE PHILIPPEVILLE

L'arrondissement de Philippeville occupe une surface de 405,873 hectares mis en valeur par 122,366 habitants qui possèdent 78,267 moutons et 127,426 chèvres.

La commune de Collo seule a envoyé des échantillons pour le lainier ; l'on peut diviser cet arrondissement en deux parties tout à fait différentes au point de vue de la production lainière.

A l'Est et au Sud, dans la vallée du Safsal et surtout sur le territoire de Jemmapes, où domine aujourd'hui la culture de la vigne, l'on ne fait plus guère l'élevage du mouton. Aussi y trouve-t-on des animaux venus d'un peu partout et qui n'offrent plus un type bien défini. Dans la partie kabyle qui comprend les communes d'Attia et de Collo, le nombre des moutons n'est pas non plus très considérable, les troupeaux de chèvres sont de beaucoup plus nombreux, mais on retrouve là le type berbère bien caractérisé.

L'industrie du tissage n'offre aucun intérêt au point de vue commercial, les habitants du pays se contentant de fabriquer les vêtements et autres pièces de laine qui leur sont indispensables.

ARRONDISSEMENT DE CONSTANTINE

Dans l'arrondissement de Constantine nous trouvons 1,894,180 hectares, 388,326 habitants, 1,454,621 moutons, 362,862 chèvres.

L'élevage du mouton est loin d'avoir une importance égale dans toutes les communes de cet arrondissement.

Le territoire de plein exercice ne compte, en effet, que 208,267 moutons et 32,751 chèvres avec une surface de 398,126 hectares et 137,506 habitants, la commune d'El-Milia, 33,541 moutons, 50,341 chèvres, 101,832 hectares, 43,971 habitants. Cela donne donc à peu près, 1 mouton et demi pour 1 habitant et 1 hectare 872 pour 1 mouton en territoire de plein exercice, et 0,762 mouton par habitant et 3 hectares 030 par mouton dans la commune d'El-Milia.

Dans toutes les autres communes, au contraire, l'élevage du mouton est si développé que l'on trouve près de 10 moutons par habitant. Dans Tebessa par exemple, 15,329 habitants parcourent avec 166,649 moutons et 66,539 chèvres un territoire de 275,300 hectares.

Les laines de cette commune sont courtes, demi-longues ou longues, les premières sont généralement souples, frisées ; les secondes, d'un type intermédiaire, mélangées quelquefois d'une certaine quantité de jarre ; les troisièmes, grossières, droites et jarreuses, appariennent au type berbère. Ces dernières laines se trouvent surtout dans les parties en contact avec Sedrata dont les laines sont généralement longues, mécheuses, dures et grossières; la population ovine de cette commune est de 105,159 moutons qui vivent avec 28,331 chèvres sur 90,647 hectares, on y compte seulement 20,652 habitants, ce qui fait 10 moutons par habitant et moins d'un mouton par hectare.

Le tiers environ de la production lainière de cette commune est mis en œuvre par sa population. Il en est de même pour la commune mixte de Meskiana, où l'on trouve sur un territoire de 165,6?5 hectares, 16,883 habitants, 171,851 moutons, 38,379 chèvres ; ses laines sont demi-longues ou longues, parfois intermédiaires, le plus souvent très-peu ondulées, mécheuses et peu élastiques, il y en a aussi de courtes et assez fines, mais qui ont l'air de venir plutôt d'animaux achetés en dehors de son territoire.

Dans la commune d'Oum-el-Bouaghi, les laines sont longues, quelques-unes fines, mais le type qui domine est composé de laines intermédiaires et qui tiennent le milieu entre les premières et les laines berbères que l'on y trouve dans le Nord sur la limite de Sédrata. Cette commune a un territoire de 241,686 hectares, 22,754 habitants, 149,335 moutons, 17,306 chèvres.

La commune de Châteaudun-du-Rhumel a une superficie de 143,171 hectares, 24,603 habitants, 170,632 moutons, 23,687 chèvres ; située entre Constantine et Sétif, sur des plateaux où le mouton vient très-bien, la statistique y donne 7 moutons et une chèvre pour un habitant, chaque mouton vit sur 840 ares. C'est là un des points de l'Algérie où la densité du mouton atteint le chiffre le plus élevé.

Le commerce des bestiaux, très-important dans cette région, a eu pour effet de mélanger au type du pays des laines qui se rattachent un peu à tous les genres.

La majeure partie des laines sont courtes et demi-longues, mais à côté de laines assez belles comme finesse et comme longueur, on en trouve quelques-unes qui sont absolument grossières.

Plusieurs européens ont essayé dans cette commune de créer des troupeaux de choix ; presque tous, après une sérieuse expérience, en arrivent à chercher dans le croisement avec le mérinos l'amélioration qu'ils ne peuvent obtenir assez rapidement par la sélection seule. Quatre propriétaires de cette région, MM. Rengade, de Fabry, Larrey et Franceschi, ont envoyé des échantillons qui figurent dans le lainier.

Sur les 142,780 hectares formant le territoire de Fedj-Mezala, vivent 66,428 habitants, 160,058 moutons et 70,060 chèvres.

Les laines sont plus grossières dans cette région, surtout au Nord de la commune ; elles deviennent de moins en moins bonnes, à mesure que l'on se rapproche davantage des pays kabyles, et finissent par appartenir au type berbère dans la commune d'El-Mélia.

Dans la partie kabyle de cet arrondissement, les laines sont entièrement employées sur place, mais en pays arabe la quantité vendue pour l'exportation varie de 50 à 70 pour 100.

ARRONDISSEMENT DE SÉTIF

L'arrondissement de Sétif, a 1,005,060 hectares de superficie, 190,416 habitants, 679,356 moutons, 288,867 chèvres.

Ces chiffres se décomposent comme suit, entre les différentes communes de l'arrondissement.

	Surface	Habitants	Moutons	Chèvres
Territoire de plein exercice..	94.207	35.340	93.585	10.150
Les Bibans................	189.190	40.769	114.471	102.726
Bordj-bou-Arréridj	156.225	25.255	89.790	42.023
Les Eulmas...............	161.205	33.639	181.875	29.642
M'Sila....................	205.789	21.791	78.791	57.369
Les Rhira	198.444	33.622	120.664	46.957

Les laines de M'sila et du Sud des communes des Bibans, de Bordj-bou-Arreridj et des R'hira sont, de même que celles des Eulmas, courtes et fines. Dans tout le reste de l'arrondissement elles sont généralement demi-longues et intermédiaires, on en trouve pourtant quelques-unes longues et intermédiaires dans une partie des Rhira et de Bordj-bou-Arreridj, d'autres demi-longues et grossières dans le Nord des Rhira, d'autres enfin, mais en très-petite quantité et tout à fait au Nord de Bordj, qui sont longues et se rapprochent du type berbère.

Dans tout cet arrondissement l'élevage du bétail donne de très-bons résultats, aussi voyons-nous qu'il ne faut en moyenne guère plus de 1 hectare pour 1 bête de petit bétail, et qu'il y a 3 moutons 573 et 1 chèvre 517 par habitant.

La quantité de laine utilisée par les habitants de cette circonscription administrative représente à peu près la moitié de la production totale ; les femmes sur certains points savent tisser les tapis, sur d'autres elles ne peuvent tout au plus confectionner que des burnous, des tellis, des flidjs, mais quel que soit le genre des tissus qu'elles fabriquent, ils sont exclusivement destinés à l'usage de leurs familles, et ce n'est que par exception qu'ils sont vendus.

ARRONDISSEMENT DE BOUGIE

L'arrondissement de Bougie est après ceux de Philippeville et de Bône, le moins important de tout ce département au point de vue lainier.

On y trouve en effet 657,549 hectares et une population de 341,731 habitants, avec 176,060 moutons seulement, et 217,304 chèvres. La comparaison entre ces deux chiffres suffit à elle seule pour nous indiquer que nous sommes là en plein pays de montagne.

Les laines de cet arrondissement sont dans tout le massif formé par les communes de Taher, de Tababort et des Amoucha, longues, dures, grossières, mécheuses; elles appartiennent au type berbère, et ce n'est que par exception que l'on y trouve quelques animaux à laine fine ou intermédiaire. Dans le Guergour au contraire, dans la commune d'Akbou qui est en relations journalières avec les marchés de Bordj et de Sétif, sur lesquels ses habitants vont acheter les laines et la viande qu'ils ne peuvent produire en quantité suffisante pour leurs besoins, les moutons sont à laine intermédiaire et demi-longue, ou fine et courte, selon les points où ont été achetés ces animaux. Il est pourtant bon de remarquer que ces mélanges si fréquents, entre des animaux de race berbère et arabe, ont fini par former là un type de laine particulier.

Dans la commune de Fenaya, chez les Mzala, les Aït-Ameur, lès Assif-el-Hammam et les Beni-Ouglis, les laines sont du type berbère, mais dans la tribu des Fenaya, à Sidi-Aïch, le long de la vallée de la Soumman, surtout dans les environs de Bougie, on trouve des laines fines, courtes et tassées, qui font comme une tâche au milieu des laines kabyles, et dont l'origine doit être attribuée à l'influence qu'a exercé sur les troupeaux du pays ce centre autrefois très-important.

Comme partout en pays kabyle, les habitants de cet arrondissement, emploient la presque totalité des laines qu'ils produisent. Le tableau suivant donne la surface de chacune des communes de cette sous-préfecture, et indique en même temps le nombre d'habitants, de moutons et de chèvres qui vivent dans chacune d'elle.

COMMUNES	Hectares	Habitants	Moutons	Chèvres	NOMBRE d'habitants pour un mouton	NOMBRE d'habitants pour une chèvre	NOMBRE d'hectares pour un mouton	NOMBRE d'hectares pour une chèvre
Bougie	41.371	24.490	9.870	9.540	2.481	2.566	4.193	4.335
Akbou	102.673	53.497	12.075	6.105	4.430	3.762	8.506	16.817
Soumman	110.079	88.010	19.052	26.602	4.619	3.308	5.777	4.137
Guergour	126.502	61.930	50.666	40.289	1.222	1.537	2.496	3.139
Oued-Marsa	53.137	22.006	9.875	15.038	2.228	1.463	5.380	3.533
Tababort	89.173	24.884	28.442	59.371	1.050	0.503	3.135	1.501
Taher	50.529	28.483	3.600	14.880	7.911	1.914	14.035	3.395
Amoucha	84.085	33.431	42.480	45.477	0.786	0.735	1.979	1.848

TERRITOIRE MILITAIRE DE LA PROVINCE DE CONSTANTINE

Le territoire militaire de la province de Constantine, dont la superficie est de 13,277,318 hectares et la population de 163,181 habitants, nourrit seulement 844,147 moutons et 356,590 chèvres.

Il se divise en quatre cercles dont le premier à l'Est, celui de Tébessa, a une superficie de 1,143,796 hectares, 24,244 habitants, 372,281 moutons, 68,891 chèvres, cela donne 15 moutons 355 et 2 chèvres 831, soit 18 têtes de petit bétail par habitant et un mouton par 3 hectares en même temps qu'une chèvre sur 16.

Les laines de ce cercle contiennent des échantillons de toutes longueurs; à coté de laines fines et courtes on en trouve d'intermédiaires et demi-longues, quelques-unes même, mais en très petite quantité, longues, grossières, et du type berbère.

Les habitants de cette région passent une partie de l'hiver dans le Sahara où ils trouvent pour leurs troupeaux une nourriture plus abondante.

Comme l'époque de la tonte coïncide avec le moment où ils quittent leurs pâturages d'hiver, ils vendent leurs laines sur les marchés dont ils se sont le plus rapprochés, soit a Khenchela, à Tébessa où à Meskiana.

Ils se servent en grande partie de ciseaux pour récolter leurs laines qu'ils n'utilisent qu'en très petites parties pour leur usage personnel; ils en vendent au moins les 3/4 sur les marchés plus haut cités et se procurent à Tébessa une partie des vêtements de laine qui leur sont nécessaires. Le prix des laines est d'habitude, dans la région, de 1 fr. 50 la toison et de 90 francs les 100 kilos.

Dans le cercle de Khenchela, dont la superficie est de 433,792 hectares et la population de 16,352 habitants, on trouve 173,826 moutons, 90,317 chèvres, ce qui donne 15 têtes de petit bétail par habitant, 1 mouton pour 2 hectares et demi, 1 chèvre pour 4 hectares 802.

Les laines de ce cercle sont, surtout dans le sud, courtes, fines, assez homogènes et contiennent fort peu de jarre. Quelques-unes sont même très frisées, assez chargées en suint et très élastiques. En montant vers le nord ces laines, tout en restant courtes, deviennent intermédiaires, puis demi longues et intermédiaires, et longues et grossières et du type berbère lorqu'on se rapproche des montagnes de l'Aurès.

La tonte, qui se fait à la faucille de la fin d'avril au commencement de juin, selon les exigences de la température, donne des toisons de 2 kilos 500 en moyenne pour les mâles et 1 kilo 500 à 2 kilos pour les femelles.

Les indigènes de cette région sont fort peu industrieux, leurs femmes arrivent tout au plus à fabriquer des tissus grossiers et d'un usage journalier. Les gens riches font venir de Tunisie les tapis qui ornent leur tente, aussi c'est à peine si le quart des laines récoltées est mis en œuvre dans la tribu. Le surplus est vendu sur les marchés de la région et presque toujours à la toison au prix moyen de 1 franc 75. Les indigènes préfèrent ce mode de vente parce qu'ils ont peur, en vendant aux 100 kilos, d'être trompés par leurs acheteurs.

Le cercle de Barika, dont la superficie est de 590,749 hectares et la population de 24,381 habitants, nourrit 116,187 moutons et 35,164 chèvres.

Les laines de ce cercle sont courtes, fines, frisées, à mèches un peu ouvertes ou tassées.

Les toisons à mèches tassées, qui dominent dans la commune, sont les plus belles, elles ne contiennent pour ainsi dire pas de jarre. Les toisons à mèches ouvertes sont plus mélangées de poils, elles se trouvent surtout dans la partie qui limite la commune d'Aïn-Touta, au pied des derniers contre-forts de l'Aurès et je ne serais pas éloigné d'y voir l'influence de croisements avec la race berbère qui vit dans ces montagnes.

Dans presque tout le cercle, c'est encore la faucille que l'on emploie pour dépouiller les moutons de leur toison et cette opération a lieu depuis la seconde quinzaine de mars jusqu'à la fin d'avril. Ces tribus mettent en œuvre à peu près la moitié des laines qu'elles récoltent; les femmes font, dans chaque tente, les burnous, les haïks, les flidjs, nécessaires aux besoins de la famille, mais nulle part, dans ce cercle, on ne tisse ces objets pour la vente.

La fabrication des tapis y est aussi complètement inconnue et c'est surtout de Tunisie que les riches habitants du pays font venir les objets de ce genre dont ils ont besoin.

Le cercle de Biskra contient 11,108,981 hectares; sur cette énorme superficie on ne trouve que 98,204 habitants, 181,853 moutons, 162,218 chèvres, aussi arrivons-nous à constater que tandis qu'il existe à peu près 3 têtes et demi de petit bétail par habitant, il y a 61 hectares de parcours par bête ovine et 68 par animal de race caprine.

Les laines de cette commune, tout en étant presque toujours courtes, diffèrent pourtant considérablement comme finesse, selon les points où elles ont été recueillies, tandis qu'elles sont généralement fines, frisées, peu jarreuses, dans la presque totalité de ce cercle, elles deviennent, lorsque l'on se rapproche des contre-forts de l'Aurès, grossières, mécheuses, dures et cassantes; on dirait que ce sont les laines berbères de ces montagnes qui, légèrement atténuées par des croisements avec les moutons à laine courte du reste de la commune et profondément modifiées par l'influence du climat ont, tout en gardant le type de ces laines, perdu la presque totalité de leur longueur.

Les indigènes se servent des ciseaux ou de la faucille, surtout de ce dernier instrument, pour tondre leurs moutons. Ils mettent en œuvre les 2 tiers environ de leur récolte, ils fabriquent les burnous, les haïks, les flidjs, dont ils ont besoin pour leur usage personnel. Les tapis que l'on fait dans ce cercle, s'ils sont d'un dessin beaucoup moins riche que ceux que l'on importe de Tunisie, sont au moins aussi moëlleux, aussi épais que ces derniers, sinon plus, et répondent ainsi aux besoins des indigènes qui s'en servent surtout comme de matelas.

Dans les environs de Tougourt l'élevage est peu développé.

Les moutons de cette région sont à laines intermédiaires, courtes ou demi-longues. La presque totalité des laines produites dans cette région est employée par les indigènes, les tribus du Nord leur vendent même une partie de leur récolte.

La tonte, dans cette partie du cercle, se fait en mars et en avril. Le prix de la toison varie de 1 franc 10 à 1 franc 50, selon sa finesse et sa grosseur. Une particularité à noter, c'est que les toisons des animaux de ce cercle, qui pâturent sur des terres de formation sablonneuse, arrivent à contenir jusqu'à 1 kilo, 1 kilo 500, et quelquefois même 2 kilos de sable fin qui y reste attaché par le suint.

En résumé, les indigènes de la province de Constantine ne fabriquent que fort peu de tissus pour la vente, la moitié au moins des laines qui y sont récoltées sont vendues pour l'exportation. Les femmes se contentent généralement de faire des burnous, des tellis, des flidjs. Dans certains arrondissements, les habitants sont même obligés de s'adresser à l'industrie française pour les tissus grossiers, au commerce tunisien pour les riches tapis.

A Lichana, à Sidi-Okba, sur d'autres points encore du département, l'on fait bien des tapis qui sont épais et parfaitement appropriés aux nécessités de la vie arabe, mais cette fabrication n'est pas assez considérable pour satisfaire aux besoins de la contrée.

J'ai tracé en quelques lignes, avant de donner la description de chaque circonscription administrative de l'Algérie au point de vue lainier, l'organisation qui me semble la plus propre à amener rapidement l'amélioration des races ovines algériennes.

Mais il est une autre question tout aussi intéressante sur laquelle je tiens à dire quelques mots avant de terminer et dont l'examen du tableau suivant fera ressortir toute l'importance : je veux parler de la possibilité d'augmenter dans de très fortes proportions le nombre des ovins nourris en Algérie.

DENSITÉ DE L'ESPÈCE OVINE
DANS LES TROIS PROVINCES DE L'ALGÉRIE

DENSITÉ DE L'ESPÈCE OVINE DANS LES TROIS PROVINCES DE L'ALGÉRIE

Province d'Alger

COMMUNES	Superficie	Habitants	Moutons	Chèvres	NOMBRE d'hectares pour un mouton	NOMBRE d'hectares pour une chèvre	NOMBRE de moutons pour un habitant	NOMBRE de chèvres pour un habitant
Plus d'un hectare pour un mouton								
Téniet-el-Haâd	257.567	29.098	241.117	62.126	1.068	4.145	8.290	2.135
Aïn-Bessem	95.095	29.518	71.688	27.499	1.326	3.457	2.425	931
Boghar	838.820	24.023	441.334	89.009	1.900	9.424	18.271	3.705
Djelfa	1.755.320	49.249	923.574	261.220	1.905	6.719	18.753	5.304
Aumale	206.687	37.320	106.007	52.750	1.949	3.918	2.840	1.413
Aïn-Meran	115.129	22.556	58.871	49.556	1.955	2.363	2 609	2.227
Ouarsenis	90.670	33.314	45.500	60.805	1.992	1.491	1.366	1.786
Plus de deux hectares pour un mouton								
Boghari	280.449	22 512	123.166	48.060	2.277	5.835	5.471	2.179
Bou-Saâda	1.350.200	46.486	558.639	149.140	2.416	9.053	12.017	3.208
Ténès	98.390	23.624	37.432	69.545	2.628	1.414	1.584	2.943
Haut-Sebaou	51.923	32.595	19.084	11.583	2.604	4.439	585	351
Berrouaghia	119.441	24.350	43.560	28.380	2.806	4.208	1.947	1.165
Chéliff	145.357	37.025	51.308	46.661	2.833	3.115	1.585	1.260
Orléansville	76.776	28.527	26.614	28.426	2.884	2.700	933	996
Tablat	91 368	32.333	31.500	66.089	3.900	1.382	974	2.044
Djendel	102.546	22.098	34.845	18.291	3.942	5.606	1.575	827
Plus de trois hectares pour un mouton								
Djurdjura	23.704	57.019	7.617	7.678	3.111	3.087	133	1.131
Miliana	74.867	29.464	23.890	11.241	3.133	6.060	810	381
Ben Chicao	68.055	16.082	21.324	17.270	3.191	3.940	1.325	1.074
Braz	119.270	29.798	33.712	52.367	3.646	2.277	1.097	1.754

Suite de la province d'Alger

COMMUNES	Superficie	Habitants	Moutons	Chèvres	NOMBRE d'hectares pour un mouton	NOMBRE d'hectares pour une chèvre	NOMBRE de moutons pour un habitant	NOMBRE de chèvres pour un habitant
Plus de 4 hectares pour un mouton								
Médéa (territoire de plein exercice)	50.143	23.282	12.465	11.620	4.022	4.315	531	499
Azeffoun	51.153	47.754	12.230	18.530	4.182	2.760	256	381
Beni-Mansour	92.635	17.274	19.338	17.511	4.790	5.290	1.119	1.013
Plus de 5 hectares pour un mouton								
Gouraya	82.641	24.128	14.276	53.245	5.788	1.552	591	2.206
Plus de 6 hectares pour un mouton								
Palestro	67.365	38.335	10.303	19.029	6.538	3.540	268	496
Fort-National	30.051	49.784	4.536	3.085	6.625	9.741	91	61
Hammam-Righa	97.430	20.646	12.890	38 285	7.558	2.544	624	1.854
Plus de 10 hectares pour un mouton								
Dra-el-Mizan	52.958	40.043	5.270	7.070	10.048	7.490	131	176
Laghouat	3.417.062	17.350	251.196	88.233	13.668	38.742	14.478	5.085
Ghardaïa	6.655.000	37.692	41.900	22.580	158.830	294.729	1.111	599

Province d'Oran

COMMUNES	Superficie	Habitants	Moutons	Chèvres	NOMBRE d'hectares pour un mouton	NOMBRE d'hectares pour une chèvre	NOMBRE de moutons pour un habitant	NOMBRE de chèvres pour un habitant
Plus de 1 hectare pour un mouton								
Tiaret	157.682	20.034	107.822	14.255	1.462	11.131	5.381	710
Aflou	1.580.350	34.079	994.847	171.017	1.588	9.240	29.192	5.018
Cacherou	176.065	27.351	110.117	47.806	1.598	3.062	4.026	1.747
Frendah	244.842	17.841	145.769	57.441	1.670	4.262	8.170	3.275
L'Hiljil	165.112	48.027	95.718	56.390	1.724	2.945	1.993	1.174
Zemmora	168.027	31.660	85.431	41.648	1.943	3.986	2.098	1.315
Plus de 2 hectares pour un mouton								
Renault	90.500	27.498	43.908	6.050	2.061	14.958	1.064	220
Lalla-Marnia	259.834	23.898	122.305	98.663	2.124	2.633	5.117	4.128
Ammi-Moussa	184.523	53.038	77.434	69.891	2.382	2.640	1.460	1.317
Remchi	122.780	16.786	48.440	38.765	2.534	3.167	2.885	2.308
Yacouba	654.045	14.096	257.944	59.440	2.535	11.001	18.299	4.217
Cassaigne	86.962	24.411	32.557	38.804	2.671	2.241	1.333	1.589
Aïn-Temouchent	108.539	15.831	39.554	11.758	2.744	9.231	2.498	742

Suite de la Province d'Oran

COMMUNES	Superficie	Habitants	Moutons	Chèvres	NOMBRE d'hectares pour un mouton	NOMBRE d'hectares pour une chèvre	NOMBRE de moutons pour un habitant	NOMBRE de chèvres pour un habitant
Plus de 3 hectares pour un mouton								
Mascara	209.836	42.159	67.739	41.420	3.097	5.066	1.606	982
Saïda	331.662	18.469	100.712	55.614	3.293	5.963	5.457	3.011
Saint-Lucien	128.689	31.906	37.884	31.866	3.396	4.038	1.187	998
Tlemcen	55.929	33.686	16.238	5.709	3.444	9.796	482	168
Sidi-bel-Abbès	94.700	32.278	26.242	17.210	3.608	5.502	812	553
Mostaganem	108.836	48.795	28.522	18.394	3.815	5.917	584	376
Sebaou	87.779	9.885	22.658	25.257	3.874	3.475	2.209	2.555
Aïn-Fezza	91.091	9.357	21.783	15.960	4.181	5.707	2.327	1.705
Plus de 5 hectares pour un mouton								
Bou-Kanefis	52.913	8.065	10.160	7.902	5.207	6.620	1.259	928
Oran	367.964	145.317	70.480	50.819	5.220	7.240	485	349
Plus de 6 hectares pour un mouton								
Nedroma	63.588	22.477	10.104	28.348	6.293	2.243	449	1.261
Mekerra	83.187	10.044	12.407	14.473	6.704	5.747	1.235	1.440
Telagh	355.109	11.430	48.402	37.125	7.336	9.565	4.243	3.248
Géryville	2.888.900	23.222	366.534	141.742	7.881	20.381	15.783	6.060
Aïn-Sefra	2.619.700	16.163	267.190	44.250	9.804	59.200	16.530	2.737

Province de Constantine

COMMUNES	Superficie	Habitants	Moutons	Chèvres	NOMBRE d'hectares pour un mouton	NOMBRE d'hectares pour une chèvre	NOMBRE de moutons pour un habitant	NOMBRE de chèvres pour un habitant
Moins d'un hectare pour un mouton								
Aurès	61.670	22.632	124.410	139.262	0.495	0.442	5.497	6.152
Chateaudun-du-Rhumel	143.471	24.603	170.632	23.687	0.840	6.056	6.935	0.962
Eulmas	161.205	33 639	181.875	29.642	0.886	5.438	5.406	0.881
Fedj-Mezala	142.780	66.428	160.058	70.060	0.892	2.037	2.409	1.054
Séfia	98.344	32.741	105.882	34.305	0.928	2.866	3.233	1.047
Sedrata	190.647	20.652	205.159	28.331	0.929	6.729	9.934	1.371
Meskiana	165.655	16.883	171.851	38.379	0.963	4.316	10.171	2.279
Plus d'un hectare pour un mouton								
Sétif	94.207	35.340	93.585	10.150	1.006	9.281	2.648	0.287
Khenchela	199.808	16.917	192.000	111.425	1.040	1.793	11.349	6.586
Aïn-M'lila	234.683	40.200	189.129	35.468	1.240	6.616	4.704	0.882
Aïn-el-Ksar	240.298	26.292	191.095	60.147	1.257	3.995	7.267	2.287
Soukahras	201.342	26.684	126.225	45.003	1.595	4.473	4.730	1.686
Oum-el-Bouaghi	241.686	22.754	149.335	17.306	1.618	13.965	6.563	0.760
R'hira	198.444	33.622	120.664	46.957	1.644	3.972	3.588	1.396
Tébessa	275.300	15.329	166.649	66.539	1.651	4.137	10.871	4.340
Bibans	189.190	40.769	114.471	102.726	1.652	1.842	2.809	2.519
Batna	30.573	13.507	18.445	7.205	1.657	4.243	1.365	0.533
Bordj-bou-Arréridj	156.225	25.255	89.790	42.023	1.739	3.717	3.555	1.663
Constantine (plein exercice)	398.126	137.506	208.267	32.751	1.921	12.156	1.514	0.238
Amoucha	84.085	33.431	42.480	45.477	1.979	1 848	1.270	1.363

Suite de la province de Constantine

COMMUNES	Superficie	Habitants	Moutons	Chèvres	NOMBRE d'hectares pour un mouton	NOMBRE d'hectares pour une chèvre	NOMBRE de moutons pour un habitant	NOMBRE de chèvres pour un habitant
Plus de 2 hectares pour un mouton								
L'Oued-Cherf	87.200	24.763	35.160	12.174	2.482	7.170	1.420	0.491
M'sila	205.780	21.791	78.791	57.369	2.601	3.587	3.615	2.636
Khenchela (C.)	433.792	16.352	173.826	90.317	2.495	4 802	10.630	5.523
Guergour	126.502	61.930	50.666	40 289	2.496	3.139	0.818	0.650
Aïn-Touta	239.817	20.880	82.160	118.519	2.918	2.023	3.934	5.676
Oued-Soltan	243.002	31.228	90.338	71.481	2.700	3.399	2.892	2.289
Plus de 3 hectares pour un mouton								
El-Milia	101.832	43.071	33.541	50.341	3.030	2.013	0.762	1.143
Tebessa (cercle)	1.143.796	24.244	372.281	68.891	3.072	16.602	15.355	2.831
Tababort	89.173	29.884	28.442	59.371	3.135	1.501	0.951	1.980
Bône	121.027	53.630	16.884	8.309	3.176	14.565	0.512	0.154
La Calle	111.800	15.284	24.858	11.824	4.497	9.455	1.626	0.773
Collo	83.872	25.462	22.366	41.725	3.749	2.010	0.878	1.643
Guelma	79.913	27.165	18.556	12.021	4.306	6 647	0.682	0.494
Bougie	41.371	24.490	9.870	9.542	4.191	4.335	0.403	0.386
Barika	590.749	24.381	116.187	35.164	5.084	16.799	4.765	1.442
Oued-Marsa	53.137	22.006	9.875	15.038	5.380	3.533	0.448	0.682
Soumman	110.079	88.010	19.052	26.602	5.777	4.137	0.216	0.302
Philippeville	113.380	50.795	19.304	16.703	5.873	6.788	0.379	0.328
Jemmapes	126.746	25.794	31.192	34.578	4.060	8.665	1.209	1.340

Suite de la province de Constantine

COMMUNES	Superficie	Habitants	Moutons	Chèvres	NOMBRE d'hectares pour un mouton	NOMBRE d'hectares pour une chèvre	NOMBRE de moutons pour un habitant	NOMBRE de chèvres pour un habitant
Plus de 8 hectares pour un mouton								
Aïn-Mokra	115.020	15.167	14.395	10.772	8.031	10.733	0.948	0.710
Akbou	102.673	53.497	12.075	6.105	8.502	16.817	0.225	0.114
Plus de 10 hectares pour un mouton								
Zerizer	178.619	16.953	14.815	7.592	12.056	23.527	0.873	0.447
Taher	50.529	28.483	3.600	14.880	14.035	3.395	0.126	0.522
Attia	81.875	20.315	5.405	34.420	15.148	2.378	0.266	0.590
Biskra	11.108.981	98.204	181.853	162.218	61.082	68.481	1.851	1.65[illegible]

Ce tableau nous fait voir qu'il y a une différence souvent considérable entre le nombre d'ovins nourris par hectare dans des régions qui ont quelquefois un climat absolument pareil et qui offre des ressources alimentaires presque identiques.

C'est au manque d'eau, pendant certaines parties de l'année, qu'il faut surtout faire remonter cet état de choses ; j'ai déjà eu l'occasion de traiter cette question, d'expliquer que si l'Arabe pasteur est obligé de faire tous les ans de longs parcours en emmenant avec lui tente, famille, troupeau, c'est qu'il est forcé de se maintenir constamment dans des régions où il lui est possible de trouver une quantité d'eau potable suffisante. Je ne puis qu'appuyer encore aujourd'hui sur ce que je disais à cette époque.

Le chemin suivi pendant ces pérégrinations n'est pas non plus l'œuvre du hasard ou de la fantaisie, et si l'on voit parfois des animaux maigres, surmenés, traverser des pays n'offrant plus de ressources alors qu'ils pourraient trouver à une certaine distance une nourriture suffisante, c'est que ces malheureux troupeaux ne peuvent abandonner la route parcourue par ceux qui les ont précédés sous peine de mourir de soif avant de trouver où s'abreuver.

Aussi serait-il d'une importance capitale d'étudier les chemins suivis par les Arabes au moment de leur transhumance habituelle. Sur ces chemins il faudrait, autant que possible, multiplier les ressources en eaux, il faudrait enfin créer de nouvelles routes, en creusant des puits nouveaux, en aménageant les eaux existantes. Les dédépenses nécessitées par ces différents travaux devraient être partagées entre l'Etat, les départements, les communes, car tous ont un intérêt capital à développer l'élevage algérien.

Une partie de ces aménagements pourraient encore être exécutés par corvées pendant les longs mois où l'Arabe ne fait absolument rien. Il faudrait alors que l'Etat fit faire toutes les études préparatoires par le service des mines ou celui des Ponts-et-chaussées, et qu'il se chargeât de la direction des travaux.

Dans tous les cas, quel que soit le mode d'opérer adopté, que l'on soit bien convaincu qu'aucune dépense ne sera plus profitable au pays, n'aura une influence plus considérable sur l'augmentation de la population ovine de l'Algérie.

Il est une autre mesure très-importante aussi qui, bien étudiée, permettrait d'éviter quelquefois des mortalités considérables parmi les troupeaux arabes, et qui serait de plus un puissant encouragement à l'amélioration du mouton algérien, je veux parler du parcours dans les forêts.

C'est à certaines influences climatériques ou économiques qu'il faut surtout faire remonter la destruction de nos forêts, et si je comprends qu'on en interdise l'entrée aux chèvres et aux chameaux, je crois que l'on devrait se montrer moins sévère pour le mouton. Alors que ce dernier animal broute seulement l'herbe ou les tiges rez-de-terre, la chèvre grimpe à l'arbre, le chameau peut atteindre à trois mètres de haut, et il mange ou brise tout, écorces, bourgeons, branches. Que les forêts soient sérieusement aménagées, que les troupeaux de moutons seuls puissent entrer dans les bois, qu'on leur interdise les taillis nouvellement récépés, en leur laissant la jouissance des points où ils ne peuvent nuire, et ils seront plutôt une cause d'amélioration que de destruction.

L'indigène n'hésitera pas à donner quelques journées de travail pour aider au débroussaillement, à la mise en valeur des autres parties du bois si, pour le récompenser de sa peine, on lui permet d'y abriter, pendant quelque temps, ses troupeaux épuisés par les rigueurs de la température.

Au lieu de trouver en lui un ennemi acharné des forêts qui ne lui servent pas, qui l'empêchent même, pense-t-il, de profiter des pâturages qui poussent à leur abri, vous en ferez un allié dans la lutte entreprise pour le reboisement de l'Algérie. Le mouton lui-même, en broutant les diss et autres plantes qui tapissent certaines de nos forêts, supprimera ces amas d'herbes qui sèchent l'été et deviennent la cause d'incendies terribles.

Mais l'Administration ne permettant l'entrée des moutons dans les forêts que par pure tolérance, elle pourra se servir de cette autorisation comme d'une puissante mesure d'encouragement à l'amélioration de la race.

Il lui suffira pour cela de décider que tous les troupeaux qui comprendront un certain nombre de bêtes croisées, que tous ceux qui ne contiendront plus qu'un nombre limité de béliers, et dont tous les animaux défectueux auront été castrés, seront seuls admis à profiter de cet avantage.

Cette mesure, je le répète, peut avoir sur l'élevage algérien une influence considérable.

Faut-il parler des abris légers que les indigènes pourraient élever pour protéger leurs troupeaux contre les intempéries de l'atmosphère ? Est-il utile de développer les meilleures méthodes à leur recommander pour la création de ressources fourragères qui leur permettraient de lutter dans les moments critiques, et de donner à leurs animaux la nourriture qui leur fait parfois complètement défaut ?

Evidemment, il y a là toute une série de perfectionnements, que le Gouvernement ne saurait trop encourager. Mais c'est seulement dans les parties telliennes de l'Algérie, là où l'indigène n'est pas absolument nomade, que l'on peut espérer obtenir un résultat. Comment décider l'Arabe de grande tente à faire un abri sur des pâturages où il ne doit rester que quelque temps ; comment obtenir de lui qu'il fasse des provisions pour l'alimentation de ses troupeaux, lui qui n'a jamais su que suivre avec eux le cycle des saisons, et monter au nord ou retourner dans le sud, selon que l'hiver ou l'été font pousser l'herbe sur l'une ou l'autre limite de ses parcours habituels.

Malgré toute l'importance de la question, il sera bien difficile d'arriver au but désiré. L'administration locale, seule, par des encouragements fréquents, par des avantages sérieux, pourra espérer réussir dans cette voie.

LA CHÈVRE

L'examen des données statistiques contenues dans les lignes qui précèdent montre qu'avec une population de 11,000,000 de moutons, il y a, en Algérie, 4,800,000 chèvres, c'est-à-dire une chèvre ou à peu près par 2 moutons et demi. L'étude des troupeaux de chaque commune nous a fait voir que cette proportion entre la population ovine et caprine était loin d'être régulière, et que si les chèvres étaient en très petit nombre dans certaines parties de la colonie, elles étaient, au contraire, supérieures au chiffre des moutons sur d'autres points.

L'élevage de cet animal a une importance d'autant plus considérable que le mouton vit d'habitude fort mal dans les pays où domine la chèvre. Aussi, faut-il bien se garder de partager les idées de certaines personnes qui voudraient, pour faciliter les travaux de reboisement, voir interdire ou tout au moins restreindre, dans de très fortes limites, par toute une série de mesures draconiennes, l'élevage de cet animal dans la colonie. La réalisation de vœu ce amènerait la ruine absolue de vastes régions, de populations nombreuses que l'on pousserait forcément à la révolte. Nous sommes là en présence d'une question beaucoup plus importante que l'on n'est tenté de le croire au premier abord, et mieux vaudrait, tout en interdisant d'une façon absolue l'entrée des forêts algériennes aux chèvres, tâcher de remplacer les animaux du pays, de fort peu de valeur et absolument sauvages, par d'autres d'un caractère plus doux, plus facile, et d'un produit beaucoup plus élevé.

C'est là ce qui m'a poussé à préconiser aussi vivement le croisement par la chèvre angora, et à donner toute l'extension possible au petit troupeau de ces animaux que possède la bergerie nationale.

On a pu voir par les échantillons exposés dans le lainier que, dès le premier croisement, quelle que fût la couleur de la mère, tous les produits sont blancs. Au second croisement les poils deviennent doux et soyeux ; au troisième ils sont ondulés et frisés ; les animaux issus d'un quatrième croisement donnent une toison dont la valeur marchande égale celle des angoras purs. C'est là une opération facile, une transformation à laquelle on peut procéder d'autant plus rapidement qu'il n'est pas indispensable, lorsque l'on veut améliorer seulement la toison de nos animaux domestiques, de changer les conditions culturales d'un pays, ce qui est absolument nécessaire quand le but poursuivi est d'augmenter la production laitière ou le poids de la viande.

La toison de la chèvre angora a une valeur de 3 francs, celle de la chèvre arabe n'est que de 0,75 centimes ; en substituant aux troupeaux du pays des chèvres de cette race qui est parfaitement acclimatée en Algérie et qui s'y comporte fort bien, l'on procurerait aux indigènes, dans leurs revenus annuels, une augmentation de huit millions de francs au moins, et l'on fournirait à la France une matière première de très grande valeur.

Les moyens à employer pour arriver à ce résultat sont

les mêmes que ceux qui ont été préconisés pour l'amélioration de la race ovine.

La mise à la portée des indigènes d'étalons améliorateurs, une surveillance effective des boucs prêtés, des distributions de primes ou de récompenses honorifiques à ceux qui obtiendraient les plus beaux résultats.

Pour bien montrer, du reste, avec quelle facilité la chèvre angora supporte les chaleurs les plus fortes, je donne le tableau des observations thermométriques faites à Moudjebeur en juillet et août 1889. A côté des indications relevées à Moudjebeur, on peut voir le nombre de degrés observés chaque jour, en Algérie, dans la localité où la température a atteint le point le plus élevé. Il est aisé de voir, par cette comparaison, que les animaux qui supportent le climat de la bergerie peuvent être, sans aucune crainte, envoyés dans les endroits les plus chauds de la colonie. Il n'est pourtant pas mort un seul angora pendant ces deux mois, et quoique le troupeau de chèvres n'eût absolument vécu, pendant ce temps, que de ce qu'il pouvait trouver dans les champs, le poids moyen de 4 chèvres a été de 40 kilos et un bouc de 4 ans employé comme reproducteur arrivait à 75 kilos.

Ce résultat est d'autant plus remarquable que la surface des bergeries commençant à être, à Moudjebeur, absolument insuffisante pour les troupeaux que l'on y nourrit, les chèvres sont logées dans la cour la plus chaude. De plus, j'ai pu constater, maintes fois, que les angoras pendant le plus gros de la chaleur, passaient des heures entières en plein soleil et sans chercher l'abri d'un hangar. (Le thermomètre au soleil marquait jusqu'à 58.)

Il faut probablement attribuer à la blancheur de la toison de ces animaux et à son épaisseur, cette énorme résistance à une température si élevée et la façon remarquable dont ils supportent aussi les froids de l'hiver, froids qui atteignent, à Moudjebeur, jusqu'à 9 degrés au-dessous de zéro.

TABLEAUX DES OBSERVATIONS PSYCHOMÉTRIQUES RELEVÉES A LA BERGERIE DE MOUDJEBEUR

BERGERIE NATIONALE DE MOUDJEBEUR

OBSERVATIONS PSYCHROMÉTRIQUES

Mois d'Août

DATES	EXTRÊMES DIURNES en degrés et dixièmes				THERMOMÈTRE SEC en degrés et dixièmes				TH. MOUILLÉ en degrés et dixièmes			TENSION DE LA VAPEUR en millim. et dixièmes				HUMIDITÉ RELATIVE en centimètres				OBSERVATIONS
	Minima	Maxima	Sommes	Moyennes	à 7 h. matin	à 1 h. 1/2 soir	à 7 h. soir	Moyennes	à 7 h. matin	à 1 h. 1/2 soir	à 7 h. soir	à 7 h. matin	à 1 h. 1/2 soir	à 7 h. soir	Moyennes	à 7 h. matin	à 1 h. 1/2 soir	à 7 h. soir	Moyennes	
1	15°4	44°	59°4	29°7	23°6	42°2	34°2	32°3	15°4	19°4	16°	8°	3°1	4°3	5°1	36°	5°	12°	17°6	
2	16	45	61	30 5	25	40	33	32 6	15	18	15 4	6 6	2 2	2 7	3 8	28	4	7	13	
3	17 2	43 2	60 4	30 2	24	40	30 8	31 6	14 8	17 6	16 2	6 9	1 5	4 8	4 4	31	3	14	16	
4	20	44 2	64 2	32 1	25 2	42	30	32 4	15	20	17 4	6 5	4 2	7 1	5 9	27	7	23	19	Sirocco
5	19	40 4	59 4	29 7	24 4	38 2	30 4	31	18	18 6	18	11 4	4 2	7 8	7 8	50	9	24	27 6	
6	22	44	66	33	28 4	41 8	33	34 4	18	19 8	17	9	4	4 6	5 8	31	7	12	16 6	Sirocco
7	21	44	65	32 5	29	42 2	31 2	34 1	17 8	19	18	8 3	2 8	7 3	6 1	28	4	22	18	
8	23 2	43 8	67	33 5	27	38	33	32 6	16 2	18 8	17 8	7 1	4 6	5 9	5 8	27	9	16	17 3	
9	22 8	45	67 8	33 9	29	39	30 8	32 9	16 2	18	18	5 9	2 8	7 5	5 4	20	5	23	16	Tonnerre
10	18	41	59	29 5	26	39	31 2	32	16 8	18 6	17	8 6	3 7	5 7	6	35	7	17	19 6	Sirocco
11	16	37	53	26 5	25	34	26 4	28 4	13 2	15 1	14 6	4 1	2	5 2	3 7	17	5	21	14 3	
12	13	38	51	25 5	21 4	34	29	28 1	13 8	17	14 6	7 1	4 2	3 6	4 9	38	10	12	20	
13	16	37	53	26 5	23 2	34	24 8	27 3	13 8	17 2	18 4	6	4 5	11 8	7 4	29	11	51	33 3	
14	18 8	33 8	52 6	26 3	22 8	30	22 8	25 2	18 8	20	17 8	13 7	11 2	12 1	12 1	66	36	59	53 6	Eclairs
15	16 2	37	53 2	26 6	22	34 6	26	27 5	17 4	21 2	19 6	12	10 5	13	11 8	61	26	52	46 3	
16	19	42	61	30 5	24	37 4	30	30 4	18 6	20	18	12 6	6 7	8	9 1	57	11	25	31	Tonnerre et sirocco
17	21	40	61	30 5	23	36 2	30	29 7	17 8	19 4	17 8	12	6 5	7 7	8 7	58	14	25	32 3	Temps orageux toute la journée
18	22	44	66	33	28 2	42 2	35	35 1	18	20	18	9 1	4 1	4 9	6	32	7	11	16 6	Sirocco
19	25 2	45	70 2	35 1	28	43 4	33	34 8	17 2	19	18 8	8	1 7	7 4	5 7	28	3	20	17	
20	20	37	57	28 5	25 6	34 6	28	29 4	20	20 6	18 8	13 9	9 4	10 5	11 2	57	23	37	39	
21	17 4	40 6	58	29	25	37 4	30 2	30 8	18	19 6	18 6	11 1	6	8 8	8 8	47	12	28	29	
22	16 4	39	55 4	27 7	25 4	35 8	29	30	17	18 6	17	9 3	5 4	7 1	7 2	39	12	24	25	
23	18	38	56	28	26	33 8	24	27 9	17	17 8	17	8 9	5 4	10 1	8 1	36	13	46	31 6	Petite pluie 1m/5m
24	17 8	34 8	52 6	26 3	20 8	30	23	24 6	17 6	18 6	17 6	13	9	11 7	11 2	72	28	56	52	
25	16	33 4	49 4	24 7	21 4	31	24 2	25 5	17	18	17 2	11 7	7 4	10 3	9 8	62	22	47	43 6	
26	16	35 8	51 8	25 9	24 8	33	24 8	27 5	17 8	20	19	10 9	9 1	12 8	11	47	25	55	42 3	
27	18 8	39	57 8	28 9	25	30 8	24	26 6	18	21	19 6	11 1	12 5	14 3	12 6	47	38	64	49 6	
28	20	41	61	30 5	22	35	29	28 6	18	19 4	19	12 7	7 2	10 2	10 1	66	17	34	39	
29	18	41 8	59 8	29 9	28 4	38 6	27	31 3	18	19 6	18	9	5 6	9 8	8 1	31	11	37	26 3	
30	16	38 4	54 4	27 2	25 2	36	28 2	29 8	17	18 6	16	9 4	5 3	6 1	6 9	39	12	21	24	
31	13 8	39 8	53 6	26 8	24 2	35	28	29	16 2	18	17	8 8	4 9	7 7	7 1	89	11	97	25 26	
Totaux...	570°	124°7	181°7	908°5	773°	1139°2	891°	936°4	»	»	»	292°9	172°	250°8	240°6	128°1	410°	922°	873°1	
Moyennes	18 3	40 2	58 6	29 3	24 9	36 7	28 7	30 2	»	»	»	9 4	5 5	8	7 7	41 3	13 2	29 7	28 1	

TABLEAU comparatif des maxima relevés à **Moudjebeur,** *avec les maxima les plus forts et les maxima les plus faibles observés le même jour en Algérie.*

MOIS DE JUILLET

DATES	LOCALITÉS OU LA CHALEUR A ÉTÉ — La plus forte	Températures maxima	LOCALITÉS OU LA CHALEUR A ÉTÉ — La plus faible	Températures maxima	MOUDJEBEUR — Températures maxima
1	Ghardaïa	43°	Fort-National	23°	29°2
2	id.	37	id.	21	35
3	id.	38	id.	24	37
4	id.	44	Nemours	25	42
5	id.	45	id.	26	34 2
6	id.	43	Fort-National	27	32
7	id.	39	id.	25	32 2
8	id.	40	id.	25	26
9	Ghardaïa-Biskra	37	Nemours	25	41
10	Orléansville	43	Oran	25	43
11	id.	44	id.	25	45
12	Biskra	45	Cherchell	23	47
13	Tébessa	45	Nemours	27	44
14	Tébessa	45	Cherchell	27	40 6
15	Bousaâda-Ghardaïa-Tébessa	45	Cherchell-Djidjelli	29	42 4
16	Ghardaïa	43	Alger	26	42
17	Tizi-Ouzou	44	Oran	26	41
18	Ghardaïa-Biskra	43	Oran	26	38
19	Biskra	45	Sidi-bel-Abbès	24	35
20	Biskra-Tunis	45	Cherchell	26	36
21	Ghardaïa	47	Cherchell-Fort-National	27	38
22	id.	45	Oran	27	44
23	id.	46	Cherchell	28	34
24	id.	46	Cherchell	27	41
25	Ghardaïa-Tébessa	44	Oran	26	43 6
26	Ghardaïa-Bousaâda	44	Oran-Cherchell-Alger	26	43
27	Biskra	47	Cherchell	26	33
28	Ghardaïa	45	Cherchell	26	29
29	Aïn-Sefra	38	Fort-National	21	35 6
30	Sidi-bel-Abbès	37	id.	22	37
31	Aïn-Sefra-Laghouat-Gardaïa	38	Ténès	23	41

TABLEAU comparatif des maxima relevés à **Moudjebeur,** *avec les maxima les plus forts et les maxima les plus faibles observés le même jour en Algérie.*

MOIS D'AOUT

DATES	LOCALITÉS OU LA CHALEUR A ÉTÉ — La plus forte	Températures maxima	La plus faible	Températures maxima	MOUDJEBEUR — Températures maxima
1	Ghardaïa	40°	Cherchell	26°	44°
2	Tizi-Ouzou-Tébessa	42	Nemours	27	45
3	Sidi-bel-Abbès, Tizi-Ouzou	43	Cherchell	26	43 2
4	Tébessa	44	Cherchell	26	44 2
5	Bousaâda-Laghouat-Biskra	40	Cherchell	26	40 4
6	Bousaâda-Laghouat-Gardaïa-Biskra	42	Cherchell	26	44
7	Bousaâda, Ghardaïa	43	Cherchell	26	44
8	Bousaâda, Guelma, Biskra	43	Cherchell, El-Aricha	27	43 8
9	Tébessa-Biskra	45	Nemours-Djidjelli	27	45
10	Tébessa	46	Cherchell	27	41
11	Biskra	46	Cherchell	28	37
12	Biskra	44	Cherchell	28	38
13	El-Aricha	46	Cherchell	29	37
14	Ghardaïa	44	Constantine	25	33 8
15	Ghardaïa	45	Guelma	25	37
16	Aïn-Sefra, Bousaâda, Tébessa, Biskra	38	Fort-National	24	42
17	Bousaâda	40	Alger	23 2	40
18	Gardaïa	41	Alger, Djidjelli	28	44
19	Guelma	49	Nemours-Bel-Abbès	27	45
20	Guelma, Tébessa	44	Alger	27 8	37
21	Ghardaïa	45	Nemours, Oran, Tlemcen, Fort-National, Djidjelli	29	40 6
22	Ghardaïa	45	Cherchell	28	39
23	Ghardaïa	44	Cherchell-Djidjelli	28	38
24	Ghardaïa	43	Tlemcen, Cherchell	28	34 8
25	Ghardaïa	41	Djidjelli-Constantine	24	33 4
26	Ghardaïa	42	Oran	25	35 8
27	Ghardaïa	43	Nemours, Oran, Fort-National	25	39
28	Ghardaïa	43	Fort-National	24	41
29	Saïda, Bousaâda, Tébessa-Biskra	38	Oran	24	41 8
30	Saïda	39	Oran	23	38 4
31	Aïn-Sefra, Géryville, Laghouat	38	Nemours, Oran	24	39 8

Il ne nous reste plus qu'à résumer, d'une façon aussi brève que possible, les principaux points sur lesquels on a voulu attirer l'attention par cette étude.

Les races ovines algériennes donnent des produits d'une diversité absolue ; l'examen de la carte lainière annexée à ce travail, de même que celui du lainier exposé, montre de la façon la plus évidente, qu'à côté de laines de réelle valeur, il s'en trouve d'autres absolument grossières.

Mais rien ne s'oppose à ce que nos races, aussi mauvaises productrices de viande que de laine, ne soient remplacées par des animaux d'un meilleur type. Tout tend même à prouver que cette amélioration, que nous voudrions réaliser aujourd'hui, a été poursuivie à une époque antérieure avec un plein succès par nos devanciers.

On peut rappeler à ce sujet et les données de l'histoire qui nous montre le mérinos exporté d'Algérie en Espagne et les animaux de choix que nous trouvons encore mélangés de temps à autre parmi les troupeaux arabes. Nous devons, pour arriver rapidement à un résultat aussi désirable, user de toutes les opérations zootechniques connues, sélection dans certaines parties de l'Algérie, croisements dans d'autres, partout meilleure hygiène, nourriture plus régulière, soins plus intelligents.

Les propriétaires indigènes, qui sont presque seuls à élever le mouton en Algérie, ne peuvent transformer leurs troupeaux sans l'aide de l'administration, aussi est-ce à celle-ci à prendre vigoureusement cette question en main et à agir vite et énergiquement.

Les mesures exposées dans ce travail qui ont eu, du reste, l'approbation de tous les gens compétents et ont obtenu la haute sanction du Directeur de l'Agriculture, permettraient, si elles étaient mises en pratique, d'arriver très rapidement au but poursuivi.

Aussi, en décidant leur prompte application, l'administration de l'agriculture rendrait-elle à l'Algérie un immense service. Elle pousserait à la mise en valeur de tout le sud algérien et donnerait aux exportations des laines de la Colonie une importance considérable.

Il ne faut pas oublier, en effet, que si pour 11 millions de moutons donnant en moyenne une toison de 1 kilo 500 à 2 kilos, l'exportation des laines a été, en 1887, de 8,987,946 kilos représentant une valeur officielle de 17,097,099 francs, en augmentant seulement d'un tiers le poids de la toison des moutons du pays (ce qui est très facile, puisque tel est le résultat absolument constaté du croisement de nos brebis avec les mérinos Rambouillet), l'on doublerait le chiffre des exportations. Cela ferait, en effet, près de 8 millions de kilos de laine de plus, et comme les besoins des indigènes resteraient les mêmes, ces 8 millions de kilos viendraient augmenter d'autant le chiffre de nos opérations commerciales. En outre, comme ces laines acquièrent, par ce premier croisement, une valeur de 30 pour cent plus grande, il y aurait un bénéfice d'autant à réaliser sur toute la marchandise vendue, ce qui, joint à l'augmentation de la quantité, triplerait la valeur annuelle de nos envois. Mais il ne suffit pas d'améliorer le mouton algérien, il est possible, par quelques mesures bien comprises et peu coûteuses, d'en quadrupler le nombre. Tout cela peut se faire très rapidement si l'on veut s'en occuper sérieusement, et l'Algérie serait ainsi mise à même de fournir, dans quelques années, à la mère-patrie, les laines que celle-ci est obligée d'acheter aujourd'hui à l'étranger. Ce serait là une véritable victoire économique pour la France et, pour notre Colonie, une source considérable de richesse.

GUSTAVE COUPUT.

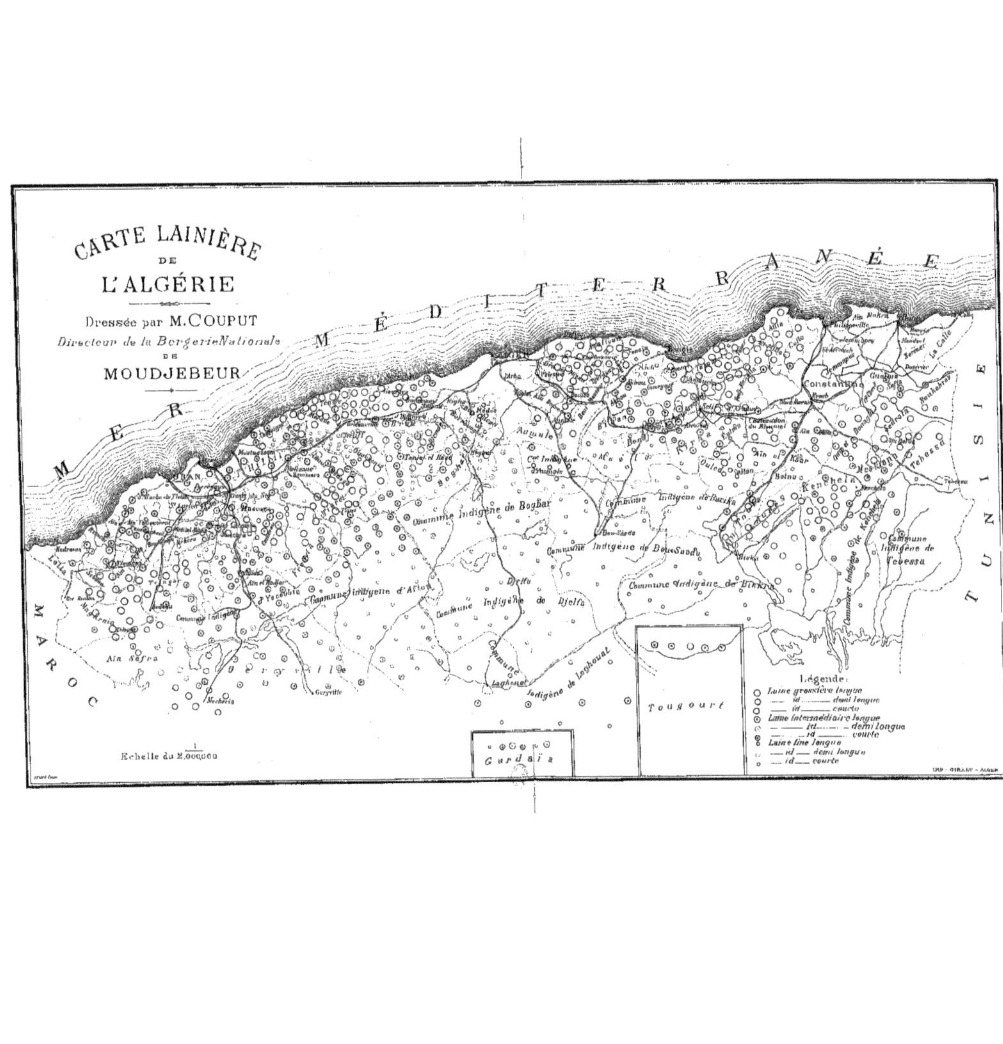
CARTE LAINIÈRE
DE
L'ALGÉRIE
Dressée par M. COUPUT
Directeur de la Bergerie Nationale
DE
MOUDJEBEUR
MER MÉDITERRANÉE
TUNISIE
MAROC
Constantine
Commune Indigène de Boghar
Commune Indigène de Bou-Saada
Commune Indigène de Biskra
Commune Indigène d'Aflou
Commune Indigène de Djelfa
Commune Indigène de Laghouat
Commune Indigène de Tebessa
Tougourt
Gardaïa
Laghouat
Djelfa
Géryville
Aïn Sefra
Légende:
Laine grossière longue
— id — demi longue
— id — courte
Laine intermédiaire longue
— id — demi longue
— id — courte
Laine fine longue
— id — demi longue
— id — courte
Echelle du 2.000.000

ALGER. — TYPOGRAPHIE ET LITHOGRAPHIE GIRALT
16, Rampe Magenta, 16

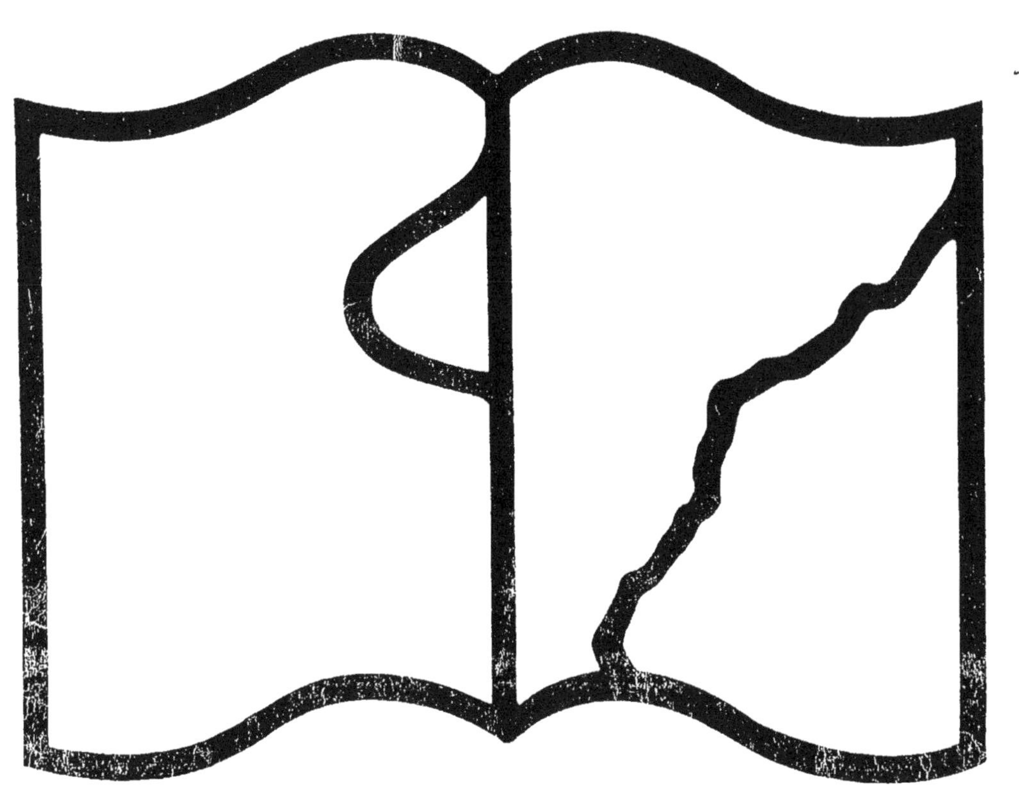

Texte détérioré — reliure défectueuse

NF Z 43-120-11

Contraste insuffisant

NF Z 43-120-14

www.ingramcontent.com/pod-product-compliance
Ingram Content Group UK Ltd.
Pitfield, Milton Keynes, MK11 3LW, UK
UKHW012053240726
13965UKWH00003B/1246

9 782012 871663